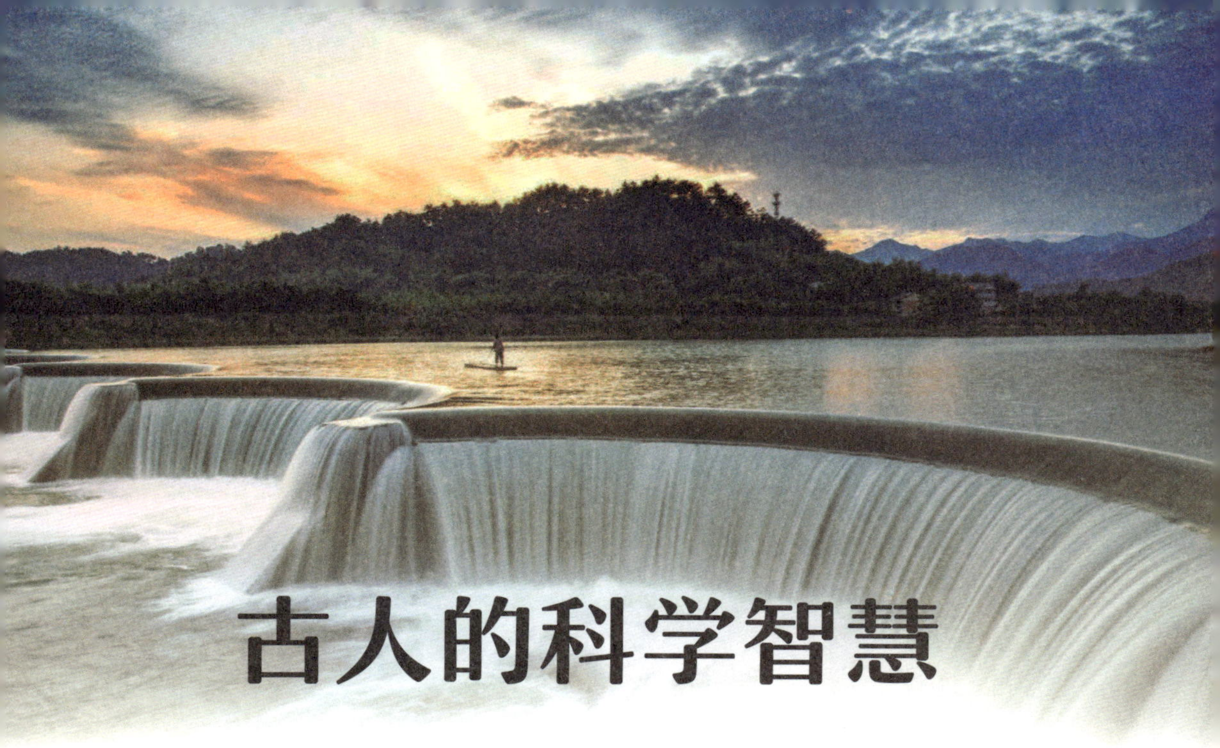

古人的科学智慧

王渝生　主编

中国大百科全书出版社

图书在版编目（CIP）数据

古人的科学智慧 / 王渝生主编 . -- 北京 : 中国大百科全书出版社，2025.1. -- ISBN 978-7-5202-1760-6

Ⅰ . N092-49

中国国家版本馆 CIP 数据核字第 2025D967L7 号

出 版 人：刘祚臣
责任编辑：杜晓冉
责任校对：刘敬微
责任印制：李宝丰
出版发行：中国大百科全书出版社
地　　址：北京市西城区阜成门北大街 17 号
网　　址：http://www.ecph.com.cn
电　　话：010-88390718
印　　制：唐山富达印务有限公司
字　　数：100 千字
印　　张：8
开　　本：710 毫米 ×1000 毫米　1/16
版　　次：2025 年 1 月第 1 版
印　　次：2025 年 1 月第 1 次印刷
书　　号：978-7-5202-1760-6
定　　价：48.00 元

编 委 会

權上御不及大義　東方朔
比矣魏將于禁為羽　獲禁在城中
權至釋之請與相見他日權乘馬出
引禁　行翻呵禁曰爾降虜何敢
與吾君齊馬首也欲抗鞭擊禁權
呵止之後於樓船會羣臣飲禁聞樂
流涕　又曰汝欲以偽求免邪權悵
權既為吳王歡　之末自起

目录

“墨经”中的科学智慧

谈到科技，我们更多想到高铁、航天等现代科技。其实，早在春秋战国时期，墨子创立的墨家学派就因其特有的科学智慧而在诸子百家中独树一帜。

令人折服的数学智慧

墨家在《墨经》中阐述了许多先进的数学思想，其中具有代表性的便是对于“无穷”和“极限”概念的描述。

墨家关于变数的思想体现在《经上》中的“穷，或有前不容尺也”，《经说上》中的“穷：或不容尺，有穷；莫不容尺，无穷也”。“有穷”“无穷”是墨家的常用术语，指的便是数学上的“有限”“无限”。墨家认为，区域有所限定，不能向外拓展一线之微，是为“有穷”；空间漫无边际，可以向外任意拓展，是为“无穷”。墨家以“或不容尺”定义“有穷”；以“莫不容尺”定义“无穷”。这同现代数学中的“有限”“无限”的概念十分相近。变量数学涉及辩证法问题，墨家引入变数是数学上的一个很大的进步，这比笛卡儿把变量引入数学要早1000多年。

在《墨经》中随时可以看到极限概念。如《经说上》中的:“时或有久，或无久，始当无久。”这里的“有久”“无久”是指不等速运动，高速是“无久”，而低速是“有久”。“无久”的单位越小，它就越接近于刹那速度，在刹那间而收敛于一个极限。又如在《经下》中墨家把极限思想表述为:“非半弗斫，则不动，说在端。”其意思是说：物体分到不能再分成两半的时候，就不能再被分割而不动了，因为它已成为不能再分的质点。《经说下》进一步解释为:“非，斫半，进前取也。前则中无为半，犹端也。前后取，则端中也。斫必半，无与非半，不可斫也。”可理解为：一条线段从中点处分成两半，取前一半，再将前一半破成两半，仍取其前半，一直取到其不能被分割的时候，自然就是一个点了。一条线段从中点处分成两半，取前一半的后半段，取后一半的前半段，一直取到其不能被分割的时候，便只剩一点了，也就是线段的中点。只有可以分半的物质才能被分割，孤零零的一点，是不可分割的。这里墨家是用“斫半”的方法来解释极限的道理。数学发展史告诉我们，直到公元 1655 年，英国的约翰·沃利斯才创造出无穷算法，并用来解释极限的概念，晚于《墨经》约 1900 年。

在数学方面,《墨经》中还准确地给出了许多定义。尤其从《墨经》中所罗列的几何知识的全面性和系统性来看,《墨经》足以与欧式几何并称为东西方早期几何学里的璀璨明珠，相映成辉。如:“平，同高也”说的是平的定义，指出高低相同就是平。“中，同长也”说的是形体对称中心的定义。“端，体之无序而最前者也”“端，是无同也”，墨家认为端点是线上排列在最前面而且没有其他任何一点可以取而代之的极端之点。“厚，有所大也”“厚，惟无所大”用来说明形体在空间上有大小。“圆，一中同长也”“圆，规写交也”这是关于“圆”的定义以及画圆的方法，说明“圆”是到平面上一点距离相等的点的集合，画“圆”的工具是规。“方，柱隅四权也”“方，矩见交也”，说明“方”是由四边、四角组成的平正图形，画方的工具是矩。

墨子，名翟，战国初期墨家创始人，长居鲁。他本是工匠出身，同时又在数学、光学、力学等自然科学领域有深入的研究。墨家学派有身体力行，参与生产实践，勤于思考，努力解读自然的传统。经过墨子及其弟子们的毕生努力，《墨经》横空出世。《墨经》狭义指《经上》《经下》和《经说上》《经说下》4篇，广义另含《大取》《小取》2篇。《墨经》包含数学、力学、光学等科学知识，一些概念定义和科学发现与西方近代科学十分接近，闪耀着惊人的智慧之光。

比肩近代科学的物理成就

《墨经》在数学上的建树令人折服，而在物理领域，墨家也是硕果累累。

《墨经》中给出了力的定义。《经上》中记载：“力，刑之所以奋也。”《经说上》又对之说明道：“力，重之谓。下与重，奋也。”其中，“刑”同“形”，即可见的物体，“奋”即“动”，是说物体由静止到运动的变化状态，进而也可理解为由均速运动变为加速运动。“力，刑之所以奋也”，就是说力是使物体运动变化的原因，而这一认识，已和1900多年以后的伽利略、牛顿的科学论断相接近了。另外，“力，重之谓。下与重，奋也”就是说重力就是一种力，物体自由下落，“奋”就是受了重力的作用。而认识到重力，这在2000多年前是非常了不起的。

《墨经》中还有对杠杆定理的精辟论述。《经说下》：“衡，加重于其一旁，必捶。权重相若也相衡，则本短标长。两加焉，重相若，则标必下，标得权也。”这里的“衡”即是指秤杆，整句翻译即是：“秤杆，处于平衡状态时，无论在本端，还是在标端略加一重量，立即会像加重的一方下垂。标端的秤砣和本端的重物处于相应位置时，可获得平衡，那一定是本短标长。两端同时加一重量相等之物，则标端必然下垂，这便是‘标得权’。”

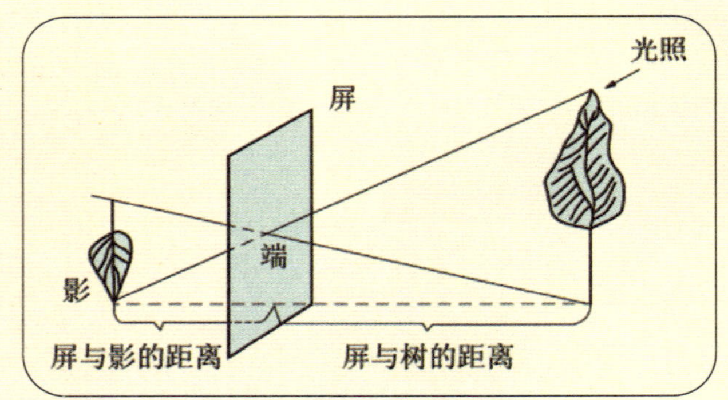

以现代的科学语言来说，“本”即为秤杆上重物端的力臂，“标”即为秤杆上秤锤端的力臂，写成力学公式就是“物重 × 本长 = 锤重 × 标长”。当然，墨子并没有明白地讲出“权重”就是“物重 × 本长”或“锤重 × 标长”，但是他已经隐含了这层意思。在中国古代科学中，“权重”这一术语应该是在《墨经》中最早出现的，其意为分量、比重。当今数学中的“加权平均”这一概念，实与此意同。客观地说，杠杆平衡原理的发现权应归于墨子，而不是200多年后的阿基米德。

《墨经》在物理领域最卓越的亮点，是其在光学上的发现。墨子与弟子们做了世界上第一个小孔成像的实验，证明了光沿直线传播的性质。《经说下》中便对此次实验原理做了系统的阐述：“景，光之人，煦若射。下者之人也高，高者之人也下。足敝下光，故成景于上；首敝上光，故成景于下。在远近有端与于光，故景库内也。”这段话中墨子用“光线似箭”的比喻，形象地解释了小孔成像，译文如下：“景，光线照入小孔，如同箭一样直线射入。从物体的下面射入小孔的光线达到照壁的高处，而从物体上面射入小孔的光线达到照壁的下面。如人足在下，遮蔽了下光，所以足影应在照壁的上方；人头在上，遮蔽了上光，所以头影映在照壁的下方。总之，由于在物体的远处或近处有一小孔，同时照射物体的光线直线穿过小孔，所以影像就会倒立在里面的照壁上。”现在的科技史界公认：是2000多年前的墨子，对光的直线传播作出了全人类第一次科学解释。另外，尤为可贵的是，墨子对平面镜、凹面镜、凸面镜等也进行了比较系统的研究，得出了几何光学的一些基本原理。因此，《墨经》在光学史上的意义是极其重大的。

2016年8月16日1时40分，在中国酒泉卫星发射中心用长征二号丁运载火箭成功将"墨子号"发射升空。这使中国在世界上首次实现卫星和地面之间的量子通信。工程还建设了包括南山、德令哈、兴隆、丽江4个量子通信地面站和阿里量子隐形传态实验站在内的地面科学应用系统，与量子卫星共同构成天地一体化量子保密通信与科学实验体系。2017年1月18日，"墨子号"在圆满完成4个月的在轨测试任务后，正式交付用户单位使用。

量子卫星的成功发射和在轨运行，有助于中国在量子通信技术实用化整体水平上保持和扩大国际领先地位，实现国家信息安全和信息技术水平跨越式提升，推动中国科学家在量子科学前沿领域取得重大突破，对于推动中国空间科学卫星系列可持续发展具有重大意义。

2016年12月9日，"墨子号"量子科学实验卫星与阿里量子隐形传态实验平台建立天地链路（合成照片）

中国古代九大科学发现

1．圭表。圭表是世界上最早的度量时间的工具，直立于平地上测日影的标杆和石柱叫表；正南正北方向平放的测定表影长度的刻板叫圭。成语“立竿见影”便出于此。简易形制的圭表最早实物出土于山西襄汾陶寺夏代或先夏时代的遗存。到西周晚期形制逐步完善。2012年，考古学家将安徽阜阳西汉汝阴侯墓中出土的两件“不知名漆器”认定为世界上现存最早且具有确定年代的圭表和赤道天文测量仪器。

2．小孔成像。墨子和他的学生做了世界上第一个小孔成像的实验，解释了倒像的原因，第一次科学解释了光的直线传播性质。

3．马王堆地图。1973年在湖南长沙马王堆三号汉墓出土了三幅绘在帛上的地图，分别为地形图、驻军图和城邑图，历史为公元168年以前。这些地图虽晚于甘肃天水放马滩秦邽县地图，但绘制的质量要高得多。三幅地图都有较为精准的比例，其方位、距离与现代地图勘合的结果相当接近。在当时并没有高级测量仪器与测量技术的情况下，能够取得如此精度的效果，显示出古人高超的制图技术。

4．天象记录。中国古代擅长天文测算，积累了大量系统的观测记录，最有价值的是涉及日月食、彗星、太阳黑子、新星等资料。历史上留存的可靠日食记录主要来自中国；中国的1000多次彗星记录最早见于《春秋》，且已经把彗星当作天体了；自商代到17世纪末的中国史料上，还记载了90多颗新星、超新星事件，为现代天文学研究做出了重要贡献。

5．制图六体。所谓制图六体，是指地图制图的六条原则，即“分率”“准望”“道里”“高下”“方邪”“迂直”。它是由晋代裴秀提出的，正确地阐明了地图比例尺、方位、距离、高程等的关系，是当时世界上最科学、最完善的制图理论。唐代贾耽、宋代沈括、元代朱思本和明代的罗洪先等古代制图学家的著名地图，都继承了制图六体的原则。其实，制图六体是在裴秀所制《禹贡地域图》的序言中出现的，可惜的是，这套历史上最早的地图集失传了。

6．敦煌星图。敦煌藏经洞出土的现藏于伦敦大英博物馆的《全天星图》，是现存记载星数最多、最古老的一幅星图。这幅绢本彩色手绘的星象图从12月开始，按照每月太阳所在的位置把赤道带附近的天区分成12份，每一份投影到一张长方形的平面图上。整幅星象图描绘了超过1300颗星星，包括人类肉眼很难观察到的微弱星星。绘制时间在公元705～710年。这幅星图只是当时某一正式星图的草摹本。

7. 潮汐表。中国古代专门论述潮汐的著作最早出现在三国时代，即吴国严峻写的《潮水论》，但其早已失传。唐代宝应、大历年间（762～779年），窦叔蒙完成了一部研究海洋潮汐的《海涛志》，又名《海峤志》，这是中国现存最早的潮汐学专著。在书中，他依据潮月同步原则，应用天文历算法，计算了自763年冬至，上推79379年的冬至之间的潮汐循环次数。此外，还制作了一种便于查阅的涛时图，此推算图为理论潮汐表，大约比英国的《伦敦桥潮候表》早400年。

8. 天元术。所谓天元术就是利用数学符号列方程的一般方法。被誉为"宋元数学四大家"之一的李冶对天元术进行了较为全面的总结和探讨，给出一套简明实用的天元术程序，并于1248年写就《测圆海镜》，后又编撰了《益古演段》，比西方早了300多年。除了天元术，还有四元术，即解四元高次方程，这比西方早了400多年。

9. 法医学。中国是古代法医学的诞生地，公认的代表是宋代宋慈1247年所著的《洗冤集录》。其实，中国最早的法医记录可追溯到先秦时期。湖北省云梦县的睡虎地秦墓出土大量竹简，其中以《封诊式》为标题的近百只竹简记载了很多与法医学有关的内容，其中已经出现了负责活体检验、尸体检验、现场勘验和拘捕人贩的"令史"。

《梦溪笔谈》话化学

石油烧墨

在中国，石油的发现是很早的，对它的利用亦有悠久的历史。沈括在《梦溪笔谈》第421条记载:“鄜、延境内有石油。旧说高奴县出‘脂水’，即此也。生于水际，沙石与泉水相杂，惘惘而出……燃之如麻，但烟甚浓，所沾帷幕皆黑。予疑其烟可用，试扫其煤以为墨，黑光如漆，松墨不及也……此物后必大行于世，自予始为之。盖石油至多，生于地中无穷。”从这段记载中我们可以知道，北宋时石油被用做燃料已经是很平常的事了，就连当时率士兵作战的沈括所住的帐篷里也用石油做燃料，以致于燃烧产生的浓烟将帐篷都熏黑了。沈括受此

石油，古代曾有过石漆、石脂水、火井油、硫黄油、泥油等十多个名称，沈括在《梦溪笔谈》中第一次将其科学地命名为“石油”。虽然自北宋以后石油还相继出现了一些别的名称，但都逐渐被淘汰，唯独“石油”一直沿用至今，成为公认的统一名称。

现象的启发，联想到黑烟可以制墨，并且亲自试验，取得了成功。从而为石油的综合利用开辟了途径——以石油为原料制取炭黑，这正是石油化工生产的一个新起点。然而在当时，由于受到顽固派司马光等人的打压，北宋政府并未听取沈括的建议去大量开采利用石油。但如今，以石油或石油气为原料制取的炭黑，已广泛应用于制墨、油漆和橡胶加工工业。沈括早在11世纪就预言“此物后必大行于世”，这是很有远见的。

沈括，字存中，是中国北宋时期的一位能文能武、不可多得的全才。沈括早年支持王安石变法，晚年退出政界，隐居在江苏镇江梦溪园，写出了辉煌巨著《梦溪笔谈》。这部著作充分体现了沈括在自然科学方面的广见博识，也展现了中国古代劳动人民的聪明才智，更是我们研究古代科技史的宝贵资料。《梦溪笔谈》是一部包罗万象的百科全书，书中记载有关化学方面的知识其实并不多，但放眼世界化学史，这些成就也足以耀眼夺目。

湿法制铜

关于湿法制铜，即利用胆矾生产金属铜，其原理就是化学中所说的“置换反应”：$Fe+CuSO_4=FeSO_4+Cu$。这一现象并非沈括发现的，其实早在秦汉时期，中国劳动人民便对此有所认识。但《梦溪笔谈》中对湿法制铜的过程却给出了详细的描述：“信州铅山县有苦泉，流以为涧，挹其水熬之，则成胆矾，烹胆矾

置换反应

化合物分子中的原子或原子团被另一原子或原子团所替代的化学反应。包括非金属单质间的置换，如用氯置换出溴化钠中的溴；金属间的置换，如铁置换出硫酸铜中的铜，铜置换出硝酸银中的银。有机化合物中发生的置换反应常称为取代反应。

铜置换硝酸银实验

则成铜；熬胆矾铁釜，久之亦化为铜。”湿法制铜源于中国，这在世界化学史上是一项重大贡献。这一技术在宋代时已大规模投入生产，也是把化学用于生产的优秀范例。

朱砂化毒

沈括的许多发现也源于他对生活细致入微的观察。《梦溪笔谈》第432条就记载了朱砂受热转化的现象：“予中表兄李善胜，曾与数年辈炼朱砂为丹，经岁余，因沐砂再入鼎，误遗下一块，其徒丸服之，遂发懵冒，一夕而毙。朱砂至凉药，初生婴子可服，因火力所变，遂能杀人。以变化相对言之，既能变而为大毒，岂不能变而为大善？既能变而杀人，则宜有能生人之理。”如今我们知道“朱砂化毒”是由于在水中溶解度甚微的朱砂（硫化汞），加热后变成了有剧毒的可溶性汞盐之故。沈括接着又指出，既然丹砂经过某种转化可以变为毒药，为什么不能将毒药经过另一种转化变为良药呢？他的结论是，大毒和大善在一定条件下可以相互转化，只要经过努力，人们是可以掌握物质变化规律的。这其实是一种朴素的辩证思想，而这种哲学思想在沈括的许多科学见解里都可见。在中国古代那种“理在心中，学者不必远求”的儒家思想的大环境下，沈括的这种理念是尤为可贵的。

百炼成钢

沈括具有富国强兵思想，因而他很重视冶炼钢铁和生产武器。《梦溪笔谈》第56条记述了北宋时期民间常用的两种炼钢方法。一种方法是“用柔铁屈盘之，乃以生铁陷其间，泥封炼之，锻令相入，谓之‘团钢’，亦谓之‘灌钢’”。这就是说，在炼钢炉中把熟铁条屈曲地盘绕，将生铁块嵌在其间，用泥把炉密封起来，烧炼后再锻打，这样就炼成了“灌钢”。另一种方法是“但取精铁，锻之百余火，每锻称之，一锻一轻，至累锻而斤两不减，则纯钢也，虽百炼不耗矣”。这种方法即为热锻技术，今天看来，它是一种独特的低温炼钢法，系用比较纯净的熟铁做原料，在炉中加热以增加含碳量，经过多次锻打，使碳元素分布均匀，即所谓“百炼成钢”。经过这种方法制得的钢，性能很好，用来做兵器、农具，质量很高。这种炼钢法，在 1000 多年前绝对是走在世界前列的一项工业技术，更是中国古代劳动人民经验与智慧的结晶。

古人也信星座吗

每当夜幕垂临，人们极目星空之时，无不感叹宇宙的浩瀚和邈远，其绚烂之美摄人心魄。古人仰望苍穹，面对耀眼无比的星空，似乎在冥想天界与人间应当存在某种联系。于是，充满想象力的古代先民开始用神话故事去摹绘天上的美景：各路神仙傲居天宫，不仅身着雍容华贵的深衣，而且身怀上天入地的绝技；他们还饶有兴致地注视着世间百态，闲暇之余还装扮成凡人，体验人世间的七情六欲。“上下四方曰宇，往古来今曰宙。”人们期盼从星月排布中去捕捉生命的奥秘，去洞察天地间深邃的内在哲理。

为了更好地诠释天地之间的奥秘，人类开始用造物论去揭示天际中星辰运行的轨迹。华夏先民自殷商时期就开始占卜测运，两汉之际谶纬之术盛极一时。南北朝时期，随着佛道的兴盛，占卜之术与宗教哲学紧密相连。唐代以后，西方天文学开始传入中土，占星术由此萌发。两宋之际，占星术已成为市井街巷里人们热议的话题。据说，北宋文豪苏轼就是一位不折不扣的“追星族”。人们不禁惊叹，宋人内心的星星世界究竟有何逸趣？

星座之说的由来

星座之名最初缘于占星之需。早在公元前3000年，古巴比伦人就开始探索星际奥秘，并衍生出较为成熟的天文学理论。他们将太阳运行一周的黄道等分为十二个星座，当然也包括其他一些星座。这是人类有史以来最早有关星座之名的记载。另有一个说法是，在公元前2000年，古希腊天文学家希巴克斯为测算太阳在黄道上运行的方位，遂将黄道分割为十二个区段，以一年的春分点为0°，即黄道零度。由此算起，每隔30°为一宫，并对各宫内的星座予以赐名，它们依次是“白羊、金牛、双子、巨蟹、狮子、处女、天秤、天蝎、人马、摩羯、宝瓶、双鱼”宫，统称“黄道十二宫”，即“十二星群”。

此后，“十二星群”又演变为人们所熟知的“十二星座”，分别是：双鱼星酷似连缀于一体的两条鱼，故名“双鱼座”。白羊星酷似一只公羊，故名“白羊座”。金牛星似一头公牛，故名“金牛座”。双子星形酷似一对孪生子，故名“双子座”。巨蟹星体似一只螃蟹，故名“巨蟹座”。狮子星似一头雄狮，故名“狮子座”。处女星似一位手持一捆麦子的少女，酷似古巴比伦神话中的丰收女神之像，故名“处女座”。天秤星体形似一女子手持一天秤，意指罗马正义女神阿斯特拉雅，故名“天秤座”。天蝎星形酷似一只蝎子，故名“天蝎座”。人马星形像一个

十二星座

中国第一历史档案馆藏清刊本《赤道南北两总星图》局部

骑士张弓搭箭，呈蓄势待发之状，故名“人马星座”，也称“射手座”。摩羯星形像一只具有鱼尾巴的山羊，故名“白羊座”。宝瓶星形像一个人从水罐中倒出一股清泉，这可能与古时宝瓶星体从东方升起以及中东地区洪水泛滥的雨季相关，故名“宝瓶座”。

诸星拱卫环绕，天文学家从形态中想象它们的物象，本意是为了记忆和辨识。令人意想不到的是，这一天文奇观竟与后人预测祸福吉凶相联系。或许你会疑惑，西方人究竟是如何通过占星来预测运势的？事实上，在他们看来，人的一生际运均与星势密不可分。

首先是定宫位，凡出生时位于东方地平线下、卯位上的星座，即为第一宫命宫。由此，逆时针确立十二宫位，依次为第二财物宫、第三兄弟宫、第四田宅宫、第五男女宫、第六奴仆宫、第七妻妾宫、第八病厄宫、第九迁移宫、第十官禄宫、第十一福德宫、第十二相貌宫。此十二宫，对应人生的十二个方面。

其次，看七曜（日月五星）所在宫位的情况，以此推断人生的各个方面，后来又有九曜（七曜加上罗睺、计都）、十一曜（九曜加月孛、紫气）之说。罗睺、计都、月孛、紫气称为“四馀”，因不是真实存在的星宿，故名“暗曜”。罗睺、计都和日食、月食有关，而月孛、紫气究竟为何物？目前，天文学家对此尚存争议。一般而言，木星、太阳属吉星，火星、土星、罗睺、计都、月孛属灾星。若众星曜聚于同一宫中，或位于正对的宫位，则被认为对命主的运势有较大影响。西方术士有口诀，倘若好的运势，谓之“金骑人马”“水居双女”；倘若不好的运势，谓之“木打宝瓶”“火烧牛角”。

再则，结合流年中七曜在各宫的情形，推断此年吉凶。北宋太祖开宝七年（974 年）在敦煌刊刻的《康遵批命课》中，就记载了一则以星宫运势算命的例子。据史料记载，某人出生时正好天蝎宫位于东方地平线下，此人就以天蝎宫为命宫。然后经术士推算，大约 23 岁到 26 岁时天蝎宫出位，由此，占星术推定此人如在此年岁，必遭疾病之患。利用七曜运行来推定运势，需要具备相当的数理和天文知识，最早的精密科学遂由此产生。事实上，占星术是建立在对星宿认知的基础之上。所谓星宿，指的是人们常说的八大行星以及恒星太阳和流动的彗星等。当人们仰望星空之时，远望浩瀚“珍珠”散落于绸缎般墨蓝的夜幕之上，遂情不自禁地想探索其蕴含的奥秘。在古人看来，苍穹的奥秘不仅蕴含着自然界的法则，同时也暗藏着人类命运的真谛。

古老的华夏占星术

与西方人尊崇占星术一样，中国人也有一套属于自己的占星系统。华夏先民为求农事顺遂，于是日夜观测星象，逐步形成了一套完整的东方星象学。这套星象学与西方占星术一样，可以查究吉凶、辅国理政，正所谓“古之欲正世调天下者，必先观国政，料事务，察民俗，本治乱之所生，知得失之所在，然后从事”。

早在远古时期，华夏先民就与占星术结下了不解之缘。三代时，凡君王出征、祭祀先祖，都需要夜观星象，以占卜吉凶。春秋战国时期，占星术被用来预测君王及国家祸福。凡王朝更替、新君登基，都需要观星象以取吉日。这一时期，不仅诸子百家在思想领域内百花齐放、百家争鸣，星象学也颇为兴盛，诸如宋国的子韦、齐国的甘德、楚国的唐眜，都是享誉一时的星象家。秦汉时期，占星之术与谶纬之学紧密相连，在政治权力斗争中发挥着重要作用。西汉史学家司马迁在《史记·天官书》中对宇宙与人世间的关系，以及星宫体系的渊源和流变进行了周详的记载。东汉史学家班固在《汉书·天文志》中记录了张衡发明的地动仪，并将张衡所撰写的《灵宪》等天文学著作收录其中。在董仲舒等人宣扬的“天人感应”时代，小小的星宿被赋予了政治功能，上至国家攻伐，下至官员任免，似乎都可以从星宿的变化和运势中得到印证。在古人看来，星宫的位移与王朝的命运息息相关，占星术成为帝王手中权谋的一把利刃。汉宣帝刘询为了铲除以霍光为首的外戚势力，便以星

张衡雕像

宫变化为名，将“贼”的名目强扣于霍氏家族，剿灭了霍氏家族在朝中的势力，以此巩固皇权。魏晋南北朝时期，战火纷飞，百姓命途多舛，人们将自己的人生际遇假托于星空之中。三国时期，诸葛亮出山之初就对刘备说：“亮夜观天象，刘表必不久于人世，荆州日后必归于将军。”梁武帝在《游仙诗》中亦云：“水华究灵奥，阳精测神秘。”《晋书·陈训传》中记载星象家陈训“少好秘学，天文、算历、阴阳、占候无不毕综”，陈训也平步青云，官至谏议大夫，成为一代硕儒。

那么，古人是如何夜观星象的呢？明末清初三大家之一的顾炎武指出：“三代以上，人人皆知天文，‘七月流火’，农夫之辞也。‘三星在户’，妇人之语也。‘月离于毕’，戍族之作也。‘龙尾伏辰’，儿童之谣也。”在他看来，上古时期夜观星象并非少数人的特权。三代时，凡男女老少，不论布衣还是官宦，都渴望探索苍穹中的奥秘，以此寻找自己的人生坐标。秦汉以后，因为解读星象与君王之治休戚相关，也就成了钦天监等少数人的特权。经过历史积淀和日积月累的观测，星象学得以茁壮成长。

东方星象学

或许你会疑惑，星象学和天文学是否同宗同源，甚至就是合为一体的呢？在古人看来，天文指的就是天象，即由日月星辰乃至云气所构成的种种迹象。《汉书·艺文志》中记载：“天文者，序二十八宿，步五星日月，以纪吉凶之象，圣王所以参政也。”《易》曰：“观乎天文，以察时变。”这里所说的天文，指的就是人们通过划定二十八星区，推算五星日月，以此记录与人事吉凶祸福相关的星象异变，并作为圣主明君治国理政的参考。

从史料记载上看，古人在谈及天文星象之时，多选用“天文”为专用名词，一般不用“星象”代指。

那么，古人所说的星象指的又是什么呢？事实上，古人所说的星象大抵指的就是占星术。从今人的知识图谱上看，占星术只是星象学的一个部分，即根据天空各类星象的性质、位置及异常变化，来预测和占卜自然界及人世间的异常变化。譬如，古人观测到“天裂”这一天文奇观，就会用占星术去解释其背后的寓意。据《京氏易妖占》记载：“天开见光，流血滂滂。”所谓“天开”指的就是天裂，而“流血滂滂”，指的就是人世间即将发生战争或有人面临被屠杀的凶险。《汉书·五行志》中遗存有刘向的《洪范五行传论》，其中就谈及汉惠帝二年（前 193 年），东北方向发生天裂，“宽一十多丈，长二十多丈”。星象家预言，朝廷不久定要发生重大变故。果不其然，没过多久，周勃带兵进剿吕后，诛其全族。

汉景帝前元三年（前 154 年），北方再次发生天裂奇观，又有红色人形出现，长十余丈。不少星象家推测中恐要生变。确如所言，同年吴王刘濞率先叛离，吴楚等七国之乱遂起，死伤者无数。

占星术除了观测星空异常之外，还有一套阐释理论作为支撑。以天裂为例，按照占星之说，之所以会产生如此星象，主要在于宇宙天地间阳气不足、阴气过盛。天、君主都属阳气之类，而地、大臣则属阴气之类，故阳气不足、阴气太盛时就会发生天裂，意在暗喻君主势弱，故遭外戚或权臣所欺凌。在古人看来，天、地、人本来就是一个和谐的整体。阴阳二气是调节万事万物变化的气韵所在，倘若阴阳不和，必生异变。汉代遗存至今的“东宫苍龙”“南宫朱雀”“西宫白虎”“北宫玄武”等气势图，大抵说的就是这类神话故事。

星座文化在宋代的发展

古巴比伦产生十二星座之后，便将其记录在一部名为《当天神和恩利勒神》的泥板书之中。这一学说很快就传入古希腊，而后又传至天竺（今印度），并被佛教僧徒吸纳进佛经之中。隋朝初年，一位名叫那连提耶舍的印度高僧来中国传教。他带来了大量佛经，并亲自翻译成中文。在他所翻译的一部名为《大乘大方等日藏经》中，就记载了十二星座的学说。唐代以后，随着佛教在中原大地的广泛传播，星座文化很快被中国人所接受，并借用中国的神兽或神祇来加以诠释，从而促使其“中国化”。

宋代时，十二星宫的说法已广为传播。从现有文献记载和考古发掘出土文物中，我们不难发现，星座文化已成为中国占星文化中重要的组成部分。北宋太祖开宝五年（972 年）刊刻的《炽盛光佛顶大威德销灾吉祥陀罗尼经》，其经卷之首的插图就是一幅环状的十二星宫图。位于苏州盘门内的瑞光寺塔，出土北宋真宗景德二年（1005 年）刊刻的《大隋求陀罗尼经咒》，其经卷中就载有一幅十二星宫图。此外，河北张家口宣化区出土的辽代墓葬壁画中，还遗存有一幅十二星宫图。据考证，这座墓的主人为辽代汉族士绅张世卿，他卒于辽天庆六年，即 1116 年。由此可知，北宋年间十二星宫图已广为流传，并成为宗教及墓葬文化的

河北宣化张氏墓中的二十八宿及黄道十二宫星图

重要组成部分。

星座文化还走进了宋代百姓日常生活之中。北宋文士傅肱编纂有《蟹谱》一书，书中记述了大量有关螃蟹的典故，指出“十二星宫有巨蟹焉”。南宋文士陈元靓在其所撰写的一部家居日用百科全书《事林广记》的“天文类”中，提到了一张《十二宫分野所属图》，并将十二星宫与《禹贡》所载的十二州相搭配：宝瓶配青州，摩羯配扬州，射手配幽州，天蝎配豫州，天秤配兖州，处女配荆州，狮子配洛州，巨蟹配雍州，双子配益州，金牛配冀州，白羊配徐州，双鱼配并州。南宋诗人陈恕在《桂枝香》小词中吟诵过螃蟹，其词曰“秦星夜映，楚霜秋足”，陈恕所说的“秦”，即为秦地雍州，借指螃蟹。

文人与星座的不解之缘

谈及宋代文人对星座文化的痴迷程度，就不得不提北宋大文豪苏轼。苏轼一生坎坷，才情极高，诗词厨艺俱佳，但在仕途上却一直不受重用。他因一篇《上神宗皇帝书》反对王安石变法，而遭变法派的挟私报复，污蔑其在扶父亲苏洵灵柩返乡时，偷贩私盐。面对这一诬名，苏轼选择缄默，后被贬谪至黄州（今湖北黄冈）为官。此后，他又因针砭时弊，再度被贬至岭南为官，甚至一度被捕入狱。面对坎坷的仕途，苏轼却始终怀有刚毅坚韧的性格，或许这与他对星座研究颇深有关。可以想见，苏轼本人早已从占星之中，测算出自己多舛的命运。苏轼曾不止一次地感慨，自己与唐代诗人韩愈一样都是摩羯座，可谓是同病相怜，命格不好，注定一生多谤誉。其在所著《东坡志林·命分》中就感叹道："我生之辰，月宿直斗。乃知退之磨蝎为身宫，而仆乃以磨蝎为命，平生多得谤誉，殆是同病也！"

若想揭开此中缘由，就不得不提及韩愈所写过的一首诗——《三星行》，诗中有言："我生之辰，月宿南斗。牛奋其角，箕张其口。牛不见服箱，斗不挹酒浆。箕独有神灵，无时停簸扬。"大意说的是，韩愈出生之时，恰逢月在斗宿，因不见牵牛星守护，故一生注定颠簸坎坷。苏轼诵读了韩愈的《三星行》之后，念及自己星座与其相同，心中顿生悲戚之感。

在宋人看来，摩羯座是个不吉祥的星座。南宋末年的政治家、素有"宋末三杰"之称的文天祥写有《赠余月心五首》《赠曾一轩》等几首赠答诗，诗中均提及摩羯宫，即"我有斗度限所经"。所谓"斗度"，指的就是斗宿之度，若是摩羯，命中似乎亦属摩羯宫。但文天祥的气度却迥异于众人，他虽对星命一类的宿命论颇有兴致，但毕竟"未来不必更臆度，我自存我谓之天"。在文天祥看来，星座之说只是假托自己现在的处境罢了，更重要的还是要依靠自己去主宰命运。南宋另一位政治家、“庐陵四忠”之一的周必大，也曾感伤自己是摩羯宫。他在一首赠友人诗中说：“亦知磨蝎直身宫，懒访星官与历翁。”但据学者考证，周必大并非摩羯座，而是宝瓶座。由此观之，宋人已将摩羯视为恶星，颇有一黑到底之意。

宋代文人为何对星座文化如此追捧呢？或许这与宋代文士身处的政治环境有关。隋唐之际，虽已开科取士，但门阀势力和身份贵贱仍大行其道，科举对社会阶层流动的影响远不及宋代以后深远。两宋之际则不然，朝廷以文治国，重文而抑武，文士直抒胸臆呐喊出“先天下之忧而忧，后天下之乐而乐”，这与其可通过寒窗苦读实现“朝为田舍郎，暮登天子堂”的无限憧憬有关。在宋代士子看来，出生门第不再是决定个人仕途命运的唯一评价标准，他们相信可以通过自己的奋斗和努力去改变命运。他们对未来既怀有无限憧憬，似乎又颇为感怀惆怅。在此背景下，个人命运与星命之术就结下了不解之缘，或许这也反映出那个时代的人们对自我价值的重视和冀望。

不仅是文士，就连君王也对星座之术颇为迷恋。据说南宋在位时间最长的一位君王——宋理宗赵昀，在荣登大宝之前，就请权臣史弥远为其找星术之士推算星命。因测算出有帝王之命，遂对史弥远颇为倚重。随着星座文化的普及与发展，底层百姓也效法君王和士绅对星座之说颇为热衷，七月七拜魁星遂由此而来。清代学者俞樾作诗考证说：“宋代有轶事，流传自淳熙。魁星始临蜀，又向吴中移。及乎胪唱日，试卷帝亲披。甲乙忽互移，甲蜀乙吴儿。始叹太史言，占验不我欺。可知魁星重，自宋非今兹。”诗中说的就是发生在南宋淳熙年间以魁星喻指状元的故事。受此影响，民间百姓常以拜魁星祈求科场蟾宫折桂，子嗣平步青云。宋人对魁星敬之拜之，必建庙立祠以安之供之。供奉魁星之所，被称为魁星堂或魁星楼。直至现在，全国各地仍遗存有众多以魁星楼、魁星阁、魁星台为名的古建筑，它们大多建于文庙、乡学、书院周边，以供当地文士或心怀功名的百姓供奉祭拜。

广东省佛山市雷岗公园中的魁星阁

值得一提的是，宋代的星座文化不仅在中原一带颇为流行，而且还远播日本、朝鲜等地。今天在日本京都教王护国寺内收藏的一幅佛教占星图像——《火罗图》，就是一张绘于日本北朝时期永和二年，即南宋乾道二年（1166 年）的佛教仿制摹本，其中记载有星宫之名。在日本文化中，人们使用七曜来指代周期，并一直沿用至今。

康熙皇帝的科学课

1662 年，年仅 8 岁的爱新觉罗·玄烨继承大统，登上大清帝国的皇帝宝座。这个父亲刚刚去世的孩子，还没来得及擦拭失去亲人的泪水，就得用自己稚嫩的肩膀扛起一个帝国的重任。他就是中国历史上有名的君主，开启了“康乾盛世”局面的康熙帝。

开启科学之门

在康熙登基的第 5 年，发生了一件让他刻骨铭心的科学事件。1667 年，少年康熙帝开始亲政。这时杨光先掌管了钦天监，但是他所采用的历法却错误百出，甚至连闰月都推算错了。于是康熙亲自带领官员测验日影，来确定哪种历法更优越，结论是西方传教士所采用的历法更加准确。在这次“历法之争”的过程中，康熙曾询问周围的大臣关于中西历法的意见，但是众大臣或莫衷一是，或道不出所以然。对这种“举朝无有知历者”的状况他非常心急，这次“历法之争”让康熙意识到，如果他不懂科学，就只能听从别人的想法，而无法做出正确判断。由此，康熙开始认真关注、学习科学。

康熙是一个具有务实精神并且很自律的人，他亲自制定了需要学习的科目表，选择了数学、几何、天文、物理、化学、地理、生物等一些具有实用价值的科目，并邀请了法国传教士徐日升、安多、张诚、洪若翰等人作为他的老师，并要求他们撰写授课教材。

自康熙二十八年（1689 年）开始，康熙安排传教士们每天进宫讲课。上午讲两个小时，晚上再讲两个小时，甚至在外出的时候康熙也会带着传教士，以便不耽误课程。康熙学习认真刻苦，细心听讲，反复演算，有疑必问，勤奋地学习了四五年之久。

康熙在学习过程中不是死记硬背不求甚解，而是十分重视实践。例如，有一次洪若翰神父给他讲到物体的成分时，康熙就拿起一个球，精准地称出了球的重量，测出它的直径。然后，他再算出同样材料、直径不同的一个球的重量，这样就可以求出这个固体的密度。最后康熙还会再测算一个同样直径或同样重量的球，来对刚才获得的数据进行验证。

康熙渊博的知识不仅来源于他平时的刻苦学习，还来自他勤奋的调查和实践。例如在亲征噶尔丹的途中，每到一地，他都不忘调查记录当地的地貌、水利、农业、生物等方面的概况。

组织测绘《皇舆全览图》

1689 年，中俄进行尼布楚谈判需要地图，但是却发现因为地理知识缺乏，中国东北部分没有地图可用，这个时候传教士进呈了已经绘制好的亚洲地图。康熙帝深知地图在国家政治、军事、经济、交通、河道治理等方面的重要意义，他也意识到中国旧地图存在测量不精准、比例尺大小不一等问题，于是下定决心要测绘全国及各省的精确地图。

1707 年测绘工作开始，先由传教士张诚进行试测，测绘了直隶地图一幅。康熙亲自参加测绘，他的工作是将测试结果进行校勘，并把测试图和旧地图进行比较，确认新测绘地图的精度远远高于旧地图。试测成功后，全面的测绘工作就开始了。

《尼布楚条约》，康熙二十八年七月二十四日（1689年9月7日），由清政府全权使臣索额图和沙俄全权使臣戈洛文签订于尼布楚（今俄罗斯涅尔琴斯克）。从17世纪中叶起，沙俄殖民者陆续侵入中国黑龙江流域修建木城，非法盘踞数十年之久，范围遍及黑龙江的上、中、下游。清政府多次向俄国提出抗议，要求其停止对中国东北边疆的侵略并引渡逃人，沙俄不予理会。此时，康熙帝采取内政与外交相结合、军事与和谈相配合的手段，严密部署，创造了反击沙俄、签订和平条约的有利时机：对内平定三藩叛乱、统一台湾，使国内局势稳步发展；对外经过两次雅克萨之战，打击了沙俄的侵略气焰，迫使沙皇政府“乞撤雅克萨之围”，并派戈洛文为大使，前来中国举行边界谈判。

《尼布楚条约》以其时间之早、地位之独特标铸于历史的碑柱上，条约所包括的边界划分、越界人员处理、双方贸易等方面的内容，符合普遍性的国际法原则，为后世处理国际争端树立了榜样。

康熙四十七年（1708年）至五十四年，传教士雷孝思、杜德美、白晋等人在清廷人员的协助下，采用当时世界最先进的经纬度测绘法，完成了全国性的经纬度测量，测得经纬点641个。西藏等地区因战事未测量。测绘完成后，统一审校、缀合，经2年完成地图编制，刊刻制版，定名《皇舆全览图》。

《皇舆全览图》改变了中国历史上传统的方格绘图法，科学精准，成为自清中叶至中华民国初年国内外出版的各种中国地图的蓝本。就其全国性大范围测绘来说，《皇舆全览图》走在了世界前列，是研究中国清代康熙以来历史地理变化的重要资料。

尽管康熙没有和传教士们一起奔赴各地测绘地图，但是他是这次测绘工作的领导者和组织者。早在大规模测绘之前，康熙就广泛派人测量了各地的北极高度（地理纬度）和东西偏度（地理经度），为测绘做了大量准备工作。在测绘过程中，康熙又命各地官员妥善招待和配合传教士们的测绘工作，并且每一地的测绘完成后，要第一时间将图传入宫中，便于康熙观看和使用。康熙的科学素养和眼光促成了这次伟大的地图测绘活动。

培养数学人才

康熙不但自己精通算学，也非常注意对数学人才的培养。清代著名数学家梅文鼎、梅瑴成祖孙二人，就是通过康熙的“慧眼”被提升的。康熙在南巡的时候，几次召见还是平民的梅文鼎，谈天文、谈数学，连续谈了 3 天，并题字“绩学参微”赠送梅文鼎。在康熙五十一年（1712年），康熙还把梅文鼎的孙子梅瑴成接到宫中，让他从事历法和数学的研究，并编纂数学书籍。梅瑴成还从康熙那里学习了不少数学知识，例如中国古代数学中的“天元术”，即建立数学方程的方法（这种方法在明代以后就失传了）。康熙教会了梅瑴成“借根法”，梅瑴成认为“借根法”就是“天元术”。这种消失了的方法又得到了传承。

1713 年，康熙在畅春园蒙养院设立算学馆，培养八旗世家子弟学习算法，并命梅瑴成任蒙养院汇编官，与泰州人陈厚耀一起编纂《数理精蕴》。这部书不仅剖析和研究了中国古代数学，还大量吸收了明末清初以来传到中国的数学知识，是一部介绍西方数学知识的百科全书，也是中国文化科技宝库中的重要财富。

学习医学知识

传教士来到中国，不仅介绍、传播了西方医学知识，也开始研究中医。张诚、白晋在任职期间，向康熙介绍解剖学知识，并结合人体疾病，尤其是康熙本人所患疾病进行说明，例如传教士罗德先曾治愈了康熙的心悸症和上唇瘤，让康熙不仅对西医欣赏有加，也引起了他的极大兴趣。

随后，康熙组织在宫中设立了实验室，对生物、化学、药物和多种疾病的物理原因都进行了研究和实验。在这个实验室内，制出过多种丸、散、膏、丹，康熙多次亲临观看操作过程，并将试制成功的药剂留作御用。他外出时还携带着这些药物，有时还会赐给皇子大臣等。

1692 年，康熙生病，高烧不退。法国神父进献了欧洲常用的金鸡纳霜来给康熙治病，尽管通过多次病例已经确信金鸡纳霜可以治愈皇帝的病，但是当时的中国医生坚决不同意康熙使用这种西药。康熙看到自己的病越来越重，自己决定服用一半剂量的金鸡纳霜，晚上他就退烧了。在继续服用金鸡纳霜后，康熙的病痊愈了。由此可以看出，康熙是一个讲求实效，敢于吸收欧洲先进医学知识的人。

康熙在位 61 年，不但巩固了中国的统一，还促进了社会经济的发展。这位皇帝还有一个与中国历代君主不同的特点，就是他对待科学的态度——重视科学，提倡科学，学习科学，理解科学，这一点无论是秦皇汉武、唐宗宋祖，还是一代天骄成吉思汗，都无法与之相比。从某种意义上说，康熙是中国历代帝王中的科学家。

"康熙历狱"：中西天文学大碰撞

"康熙历狱"：中西天文学大碰撞

自1582年利玛窦进入中国后，西方传教士们循着他的足迹，陆续来到中国。为了让中国人接受基督教，这些传教士们并未直接布道，而是在传播西方科学知识、扩大影响力的同时进行传教工作。然而，古老的中国有着传承数千年的文化传统，其思想也有着独特的发展轨迹，这就使西方科学传入后，与中国传统文化不可避免地产生碰撞。中西方都

利玛窦（1552～1610年），旅居中国的意大利耶稣会传教士，学者。明朝万历年间来到中国传教。在此期间，习汉语，蓄须留发，着儒服，行儒家礼仪，自称"西儒"，是第一位阅读中国文学并对中国典籍进行钻研的西方学者。除传播宗教教义外，还传播西方天文、数学、地理等科学技术知识。他与中国明代科学家、政治家徐光启等人翻译了欧几里得《几何原本》，许多字词，如点、线、面、曲面、直角、垂线、平行线、圆等，都由他们创造并沿用至今。

利玛窦

有着深厚知识积累的天文学领域，成为交锋最激烈的战场。其中牵连最广，导致争论双方流放、下狱，甚至死亡的，莫过于清代早期的“康熙历狱”。

外国人为中国制定新历法

如果说利玛窦是第一位敲开中国大门的传教士，那么汤若望就是第一位倍受皇帝恩宠的传教士。汤若望出生于德国的科隆，后在罗马德意志学院学习，并成为耶稣会士。1619 年，他受耶稣会派遣到中国澳门，1622 年进入北京。汤若望到达北京后，把自己从欧洲带来的数理天文书籍清单呈给朝廷，并公开展出自己从欧洲带来的科学仪器，因此结交了不少好友，例如当时明朝的吏部尚书张向达就是其一。汤若望又成功预测了 1623 年 10 月 8 日的月食，使他的知名度进一步提高。1630 年，在徐光启的推荐下，汤若望供职于钦天监，译著历书，推算天文，制作仪器。1634 年，协助徐光启、李天经编成《崇祯历书》。

汤若望

《崇祯历书》是当时世界上最先进的历法之一，由徐光启、李天经主持修订。《崇祯历书》共有 137 卷，大致内容可以分为两部分：第一部分为西方天文学理论，主要讲述天文学基本理论、天文仪器、天文学中的计算方法等知识；第二部分是根据第一部分的理论推算出来的天文学用表。

《崇祯历书》吸收了许多欧洲的古典天文学知识，采用了第谷的宇宙体系。这种体系介于哥白尼的日心说和托勒密的地心说之间，认为地球居于宇宙中心，并且是静止不动的，而太阳、月亮绕地球转动，但是水星、金星、火星、木星、土星等行星绕太阳旋转，并且跟太阳一起绕地球运动。《崇祯历书》对哥白尼的学说也做了介绍，并引用了《天体运行论》中的很多内容；介绍了地球和地理经纬度的概念；引入了球面天文学、视差、大气折射等重要天文概念，并修订了相关的天文计算方法；书中还采用了一些西方使用的度量单位，例如把一周天分为 360 度，一昼夜分为 96 刻 24 小时，度、时以下采用 60 进位制等。

《崇祯历书》不仅代表了"西学东渐"的学术成果，还代表了中国对西方天文学的接纳，但这种接纳又不是盲从的，而是经过认真思考和推算的。比如，中国传统的天算，把一天分为 12 个时辰，100 刻。西方的时间划分则是每天 24 小时，1 小时 4 刻，合共 96 刻。东西换算的话，"12 时辰"对"24 小时"正好对等，把每个"时辰"一分为二，称为"小时辰"（简称"小时"）就可以解决了。但是，中国的"每天 100 刻"，和西方的"每天 96 刻"就无法换算。更大的困难在于，西方的"每天 96 刻"是"24 小时"乘"4"得到的，两者之间，可以通算。中国的"12 时辰"和"100 刻"则是两套计算方法，"时辰"与"刻"不能除尽，因此也不能合并。徐光启、汤若望权衡之后果断采取了西方历法的方法，废除了一天百刻的计算法，让中国历法和世界上其他多数民族的计时方法保持同步。可惜的是，《崇祯历书》编成后，还没来得及颁行，明朝就走向了灭亡。

1644 年，是中国历史上起伏动荡的一年。先是李自成的农民起义军入京，后又是吴三桂引清兵入关，明朝灭亡。多尔衮入京后要求北京城内的居民三日内全部搬出城外，给八旗子弟腾出住处。而清政府认为改朝换代应该重新制订历法，刚好汤若望的工作迎合了他们的要求，所以不但没有让汤若望搬离，还重用了他。1644 年，清政府正式颁布了汤若望采用西洋算法编订的历法，其实这个历法也不是汤若望一蹴而就写成的，它是《崇祯历书》的压缩改良版。多尔衮给这个新历法定名为——《时宪历》，这部历法一直沿用到近代，也就是我们平常所称的农历。

同样在 1644 年，汤若望被任命为钦天监监正，这是一个专门负责观察天象、制定历法的官职，为正五品。随后，汤若望在自己的职位上做出了许多有成效的工作，例如编写了 103 卷的《西洋新法历书》，还介绍了望远镜和西方的光学理论，因此获得了更多的器重。顺治帝对他尤为青睐，在 1658 年时授他为光禄大夫，为正一品，连他的祖上三代都追封为一品。顺治帝甚至还亲切地称呼这个西方人为“玛法”（满语，爷爷），可见汤若望在当时的重要地位。

但是中国古语云：树大招风。汤若望显赫的地位，和他极力提倡西方历法的立场，引起了很多人的不满，这也为康熙年间那场灾祸埋下了伏笔。

祸从天降：汤若望身陷“康熙历狱”

杨光先是众多反对汤若望的人中，最积极也最有代表性的一个。尽管他本人对历法一窍不通，但是他坚持认为“宁可使中夏无好历法，不可使中夏有西洋人”。他对西洋人和西方知识的排斥，反映了不少当时中国人的心思。早在顺治年间，杨光先就屡次上书，谎称汤若望等人意图谋反，但因为顺治帝对汤若望的信任而没有成功。

1661 年，顺治帝驾崩，年仅 8 岁的康熙帝继位，但朝中大权由鳌拜、苏克萨哈等人把持。汤若望的保护伞倒掉了，杨光先觉得自己的机会来了，便又一次开始发难。1664 年，杨光先又一次状告汤若望伪造妖书，宣传邪教，并在澳门屯兵，意图谋反。鳌拜等守旧势力早就对汤若望不满，刚好可以借此机会对汤若望发难，便开始调查此案并审讯汤若望。时年 70 多岁的汤若望没想到会在古稀之年受此迫害，在助手南怀仁的陪伴下接受了审讯，结果证明意图谋反纯属捏造。

但是杨光先仍然不死心，又控告汤若望在给顺治帝第四个儿子荣亲王（因为得天花而亡）选择葬期时犯了大忌，导致荣亲王生母董鄂妃病逝，进而引起顺治帝驾崩。汤若望据理力争，认为自己只负责预测日食、月食，不具体制定皇子的下葬日期。但是 1665 年，在鳌拜的主持下，清廷终于还是给他定罪了：汤若望等钦天监人员被判凌迟处死，而助手南怀仁被流放。但历史总是会有它不可思议的一面，就在刚刚宣判不久，北京地区突然发生了强烈地震，人们认为这是上天对人间冤屈的警示和对坏人的惩罚。随后，这件事情被告知了孝庄太后，孝庄太后勃然大怒，认为这样对待先帝宠臣实属不敬。在孝庄太后的斡旋下，汤若望得以幸免死刑，但李祖白等 7 名钦天监人员却未能幸免于难。汤若望在随后的日子里，郁郁寡欢且身患重病，随即在 1666 年病逝。

平反昭雪：《时宪历》再被推行

汤若望去世后，杨光先开始飞黄腾达。因为弹劾汤若望有功，杨光先被任命为钦天监监正，接替汤若望的职位。但是根本不懂历法的杨光先，自知没有汤若望的本领，几次上书请辞都没有获准，还写了一本书叫《不得已》来表明自己是被迫上任的。在杨光先的主持下，《时宪历》被废除，而恢复了《大统历》。《大统历》的前身是公元 13 世纪郭守敬等人编修的《授时历》，尽管这部历法在郭守敬的时代具有划时代的意义，但是时隔 300 多年后，已经误差百出了。

1667 年，14 岁的康熙开始亲政。人们发现杨光先推行的历法错误奇多，甚至连闰月都推算错了，朝野上下一片尴尬。1668 年，康熙帝亲自下令，命令杨光先和南怀仁等人一起测验日影，分别使用自己的方法来验证正午时刻日影的长度，并根据测量结果来确定到底哪种历法更优越。在连续三天的日影测量活动中，都是南怀仁使用的测量方法更加准确，而杨光先所测的结果都有错误。于是康熙命令南怀仁等审查了杨光先使用的历法，发现其中确实差错不少。于是康熙下令罢免了杨光先，而重新启用南怀仁，并又改用《时宪历》。

1669 年，康熙铲除了鳌拜，南怀仁审时度势告发杨光先依附鳌拜，并要求给汤若望平反。于是杨光先被判处死刑，后来康熙体恤杨光先年老，赦免了他，杨光先最终死在了回乡的路上。而南怀仁，这个曾经担任汤若望助手的西方传教士，以他所掌握的先进知识，重新当上了钦天监的监正。汤若望终于昭雪平反，恢复了生前的官职和名誉。汤若望在中国先是享尽恩宠，然后又受冤屈被判凌迟处死，再然后因天象大变而离奇获救，最后终于沉冤得雪。德国的历史学家曾经评价汤若望的经历：“是使所有好莱坞采用过的有关中国的题材都黯然失色的电影素材，构成了一部高低起伏的戏剧。”

西方科学文化传入，必然与中国传统文化产生大碰撞，而天文学是碰撞中最剧烈、最血腥的一个撞击点，“康熙历狱”则是这个碰撞中迸发出的最引人注目的火花，至此，这个火花终于熄灭了。这场争论已久的“康熙历狱”，以先进科学知识的胜利画上了句号。

文房四宝中的“墨”是怎么发明的

3000 年前中国人已使用墨

迄今为止，中国墨发端于何时何地尚无定论。早在商周时期，墨就已经作为一种黑色颜料开始用于书写。近代以来，随着考古学的不断发展，一些有关墨的文物陆续被发现，这些直接或间接的考古证据为人们大致勾勒出了墨的起源和发展轨迹。河南殷墟出土的甲骨文中，有用朱砂和墨书写文字的痕迹。在甲骨文上书写的文字，红色是朱砂，墨色是碳素单质，这证明朱砂和墨在商代就被用来书写文字了。文献记载与出土发现证明，至迟 3000 年前，墨就产生了。中国迄今所见最早的墨是 1975 年湖北云梦秦墓出土的墨块。墨的发明是人类书写文字史上的重要进步。在最初书写文字时，人们用尖锐物体在竹简上刻画写字。墨的发明使人们从刀刻的繁杂劳动中解放出来，提高了写字的效率。

湖北云梦秦墓出土的墨块

春秋战国时期墨已开始普及

春秋战国时期，墨是用杂木和草烧结而成的，制法粗糙。后来，为了提高墨的质量，人们改用松柴烧结，再后来又加入了麻子油和猪油烧结。如今，我们知道，麻子油和猪油这几种油脂在氧气不足的情况下受热分解，可以得到黑色粉末状物质，即古人所谓的“烟灰”。古人虽然知道如何制得“烟灰”，但并不明白其中的原理。《庄子·田子方篇》里提到“舐笔和墨”，可见春秋战国时期已开始普及使用墨了。

汉代出现了松烟墨

秦汉时期是墨的一个重要发展时期，这时出现了松烟墨。松烟墨是用松木烧出的烟灰，再拌之以漆、胶制成，其质量远远胜过石墨。东汉以前，墨没有制成锭，只是做成小圆块，不能用手直接拿着研，必须用研石压着来磨，这种小圆块的墨又叫“墨丸”。到东汉时发明了墨模，墨的形式趋于规整，从小圆块改进成为墨锭，它经压模、出模等工序制成，可以直接用手拿着研磨。汉代已形成了全国制墨中心，即渝麋（今陕西千阳）。三国时期，中国的制墨业进一步发展。当时西安人韦诞工书法，善制墨，所制“韦诞墨”已被史书记载。

唐代制墨业进一步发展

隋唐时期，制墨业更加受到重视，政府设官办厂，其中，最著名的墨官是祖敏，他采用古松烟与鹿角胶煎膏合成制墨的方法名闻天下。唐代的墨已有多种颜色。黄墨是用雌黄研细加胶合制的墨，多用于修改文稿或者点校图书。朱墨是用朱砂研细加胶而成，但容易褪色。由于科举制度的发展和书画艺术的繁荣，唐代文人学士对墨的需求更为扩大，这也刺激了制墨业的发展。唐末五代由于战乱频繁，大量北方墨工纷纷南迁，制墨中心亦随之转移。此后，徽墨雄踞天下，在制墨业中占据主导地位。

徽墨的起源

从现有史料来看，徽墨生产可追溯到唐代末期，大量北方墨工纷纷南迁，导致制墨中心南移。易州墨工奚超携子廷珪至歙县潜口，取当地的松木炼烟，制成的墨“丰肌腻理，光泽如漆”，受到南唐后主李煜赏识，赐其国姓，擢廷珪为墨务官。从此，歙州李墨名扬天下，有“歙墨举世为尊”之誉，故歙县一直享有“墨乡”“墨都”之称。宋宣和三年（1121年），歙州易名徽州，“徽墨”由此而来。宋代，徽州从事制墨人员激增，墨业扩展到全州各地，制墨高手纷纷涌现，如张遇、潘谷、吴滋、戴彦衡等，徽州墨业进入第一个鼎盛期。明代是徽墨的黄金时代，徽州制墨名坊多达一百余家，达到了“新都独以墨鸣，他方无能胜之者”的盛况。其中罗小华、程君房、方于鲁、邵格之四人被誉为徽墨四大家，徽墨形成歙、休、婺三大流派，相互竞争，推动了徽墨技艺的迅猛发展。

罗小华制半核桃式墨

宋代沈括发明“石油”烟墨

宋代是中国古代书法和绘画高度发展的时期，也是中国古墨由单一品种转变为多品种的时期。其中最突出的成果就是“石油”烟墨的出现。制墨史上，千百年来，墨的主要原料都是松树，许多地区因为取古松烧制烟，大规模地砍伐松树，这样做不仅破坏了生存环境，还加剧了墨源的匮乏。宋代晁贯之在《墨经》中这样描述：“自昔东山之松，色泽肥腻，性质沉重，品惟上上，然今不复有，今其所有者，才十余岁之松。”沈括在《梦溪笔谈》中也写道：“今齐、鲁间，松林尽矣，渐至太行、京西、江南，松山大半皆童矣。”在墨源严重匮乏而用墨需求日益增长的情况下，寻求新的制墨原料已迫在眉睫。沈括在延州（今陕西延安一带）任职时，在当地人的引导下，发现了一种物质——脂水，后来他把脂水命名为“石油”。由于燃烧时烟味太大，“石油”在当时仅仅是作灯油使用，或者给家畜治疗疥癣，并未用于烧饭。沈括则想到用燃烧

墨在古代还有收藏、入药的功能

墨除了有使用功能外，还有赏玩、收藏等功能。自宋代以来，名墨逐渐成为文人案头的赏玩之物；到了明代晚期更加盛行成组成套出现的墨品，它不以实用为目的，注重形式多样，图案新颖。此外，墨还是一味重要的中药。《本草纲目》称其为乌金、陈玄、玄香、乌玉。好墨中往往加入了胶（鹿胶或黄明胶等）、熊胆、麝香、冰片、珍珠等多种名贵药材，外加本身松烟炱的作用，因此墨具有止血消肿的功效。一些墨肆还专门制作药用墨以供药铺所用。明清时期的药墨广为流行，当时著名的药店同仁堂每年都委托生产大量的药墨，至今仍有“八宝药墨”款的墨锭存世。

“石油”浓烟做墨。沈括将“石油”放在一个大瓦缸中燃烧，然后将燃烧产生的烟尘收集起来，按照制墨的流程制作了一小块墨。做好之后，沈括拿来毛笔蘸上“石油”烟做的墨在宣纸上写了几个字，看起来效果非常好。试制成功后，沈括喜出望外，马上大力推广他的新墨，并取名为“延川石液”。据说沈括的“延川石液”受到当时的制墨行家苏轼的极大赞赏，可谓上乘。遗憾的是“延川石液”似乎并未大行于世，后来工艺消失。或许是因为在当时的条件下，“石油”烟制墨的成本远不及松木的成本低，毕竟“石油”在当时远没有松木那样遍布全国。

明清时期制墨业走向繁荣

到了明代，歙县罗小华发明的桐油燃烧取烟制墨方法，使油烟墨真正得到了普及和发展。由于油烟墨主要是桐油等植物油燃烧取烟，并加入牛皮胶、珍珠、麝香、冰片等名贵药材制成，因此其墨色黑润有光、馨香馥郁，是墨中上品、“书香”之源。

清代制墨业更加繁荣，油烟墨的制作达到鼎盛，选材较明代更为广泛。徽州作为制墨业的中心也达到了极盛，曹素功、胡开文、汪近圣、汪节庵四大家为其中翘楚。清代末年，现代科技传入中国后，谢崧岱融合传统工艺创造了墨汁，墨汁省去研磨之力，更加方便易用，客观上有利于大幅作品的创作。虽然墨汁无法表现出传统墨块那样丰富的层次，但是凭借其使用便利的优势成为了大众的主要选择。

方于鲁文彩双鸳鸯墨
故宫博物院藏

古代马车究竟能跑多快

速度一直是衡量科技进步的重要标志之一。汽车发明之前，在绵延数千年的人类文明发展进程中，畜力车一直是人类社会中的重要交通工具。以马为动力的辐式双轮车的发明更是世界科技发展史上的重要事件。无论是爱琴海的迈锡尼文明、两河流域的苏美尔文明、尼罗河河畔的古埃及文明，还是持续时间最长的中国文明，辐式双轮马车在东西方文明社会的发展进程中都扮演了重要的角色。以马为动力的畜力车使人

类摆脱了只能依靠双脚出行的局限，极大地拓展了人类的活动及迁徙范围，有效地促进了欧亚大陆不同区域文明之间的交流与融合。

古代马车的极限速度

也许你会好奇，古代马车究竟能跑多快？来自中国、日本、英国的测试数据，从不同角度揭示了古代马车的极限速度。

中　国

2015 年，中央电视台拍摄的专题片《古兵器大揭秘》对中国古代马车进行了模拟实验。实验由军事爱好者、兵器媒体从业者白孟宸和汽车媒体主编刘炽等人策划和实施，以复原的中国春秋战国时期带有刃车軎（读音为 wèi，形如圆筒，套在车轴的两端）的车辆为测试对象，重点对车辆的速度、加速度、稳定性、冲击力等性能进行了测试和实验分析。

实验结果显示，中国古代辐式双轮马车，在载荷 3 人的情况下，一般行驶速度为 3 千米/小时，跑行速度为 14 千米/小时。在经过 12 秒加速后，其达到的最高速度为 21.6 千米/小时。也就是说，21.6 千米/小时是中国古代马车载荷 3 人的极限速度数值。

甘肃省博物馆馆藏青铜马车

日　本

日本学者特别是京都学派学者，对中国古代物质文化有较为深入的研究和关注。先秦的马车作为中国古代物质文化史的重要内容也受到日本学者的广泛关注。林巳奈夫、菊地大树等学者对中国古代马车进行了深入研究。

菊地大树是研究中国先秦家马的专家，他除了关心先秦家马的饲养和食性以外，对马的身高、体格及拉车的速度也非常关心。2009 和 2010 年，菊地大树先后在《中国考古学》上发表了两篇有关先秦马车的研究成果。其中，在 2010 年发表的《拉马车的马》一文中，菊地大树对中国先秦时期的马车进行了实验测试分析。

根据菊地大树的研究测试结果，以身高 140 厘米、胸围 162.4 厘米的蒙古马为例，如果行车 1 小时，可知以一般速度（常步）可行 3.78 千米、小跑（速步）可行 7.56 千米，跑（驱步）可行 11.34 千米。同时，菊地大树也测试了载荷与速度之间的关系，马车以 7 千米/小时的速度行驶，最多可拉 250 千克的货物。

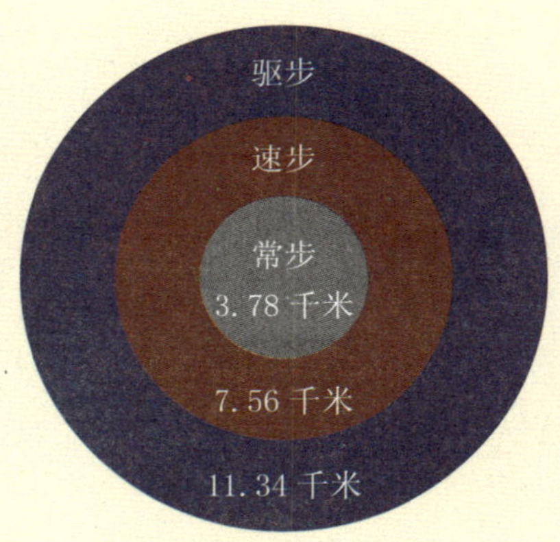

蒙古马每小时行走距离（身高 140 厘米）

在测试连驾马车的过程中，菊地大树发现，拉车的马匹数量并不是越多越好，马匹数量过多反而会影响整体效率。根据测试分析，在连驾马车中，并排系驾 6 匹马时能够发挥最大效率。当马的身高在 130 厘米以上时，其身高与曳力、驮载量都成正比。考古资料证实，商代晚期至春秋战国时期，车马坑考古出土的马的平均身高呈增大趋势。中国先秦马匹逐渐大型化的社会背景，表明当时可能引入了以提高马力为目标的育种技术。

英　国

与东亚相对的西方，也有关于古代马车速度的实验数据。英国著名考古学家斯图尔特·皮戈特的权威著作《最早的轮式交通工具》利用欧亚大陆和近东的考古材料，对欧洲轮式交通工具的发展进行了研究。在其所著的有关马车研究的著作《四轮货运马车、辐式双轮战车和四轮载客马车——在交通运输史上的象征及其地位》中，就有西方牛车和马车的牵引速度实验数据。

“公元前 3000 年的荷兰盘式轮车（牛车）重量达 322 千克，一辆完整的四轮牛车的重量不低于 670～700 千克，它的重量是古埃及战车（约公元前 1500 年）现代复制品重量的 20 倍（古埃及轻便型辐式双轮战车的重量只有 34 千克），而且使用两头牛进行牵引，在最好的情况下速度也很慢，大约为 3.2 千米/小时，而用马牵引的轻便型车小跑速度为 10～14 千米/小时，疾驰速度为 20～30 千米/小时。”从这段引文中，我们可以看出，西方以马为牵引动力的轻便型辐式双轮战车的最高速度为 20～30 千米/小时。

古代马车不够快吗

由于车的结构和马的品种选取略有不同，以上三组实验数据也存在一定差异。日本的实验数据在三组中属于偏低的，实验者相对保守了一些，对马的条件进行了限制和重点分析，比如，对马的品种和体格都有所限定。如果不对客观因素进行限制，得出的结论和数值也会受到很大的影响。

中、日、美三国古代马车速度实验测试数据表

单位：千米/小时

国家	实验对象	一般速度	跑行	极限速度
中国	先秦辐式马车	3	14（跑行）	21.6（极限）
日本	先秦辐式马车	3.78	11.34（跑行）	无
英国	西方辐式马车	3.2	10～14（跑行）	20～30（疾驰）

欧洲辐式双轮马车

英国的实验数据在三组中属于偏高的，因为欧洲的辐式双轮车的结构与东亚的同类马车有较大差异，而且英国的实验没有提到马的品种、体格等信息。实验者选取的马可能更加高大，所以英国马车的跑行速度和疾驰速度也略微高一些。

中国的实验数据在三组中属于居中的，实验测试数据中的最高速度低于英国实验的疾驰速度，而略高于日本实验的跑行数据。这是因为中国团队测试的马车，载重相对比较重，而选择的马也比较高大，先决条件的差异决定了实验结果的差异。

当然，最值得关注的数据是马车的疾驰或者极限速度。以上三组马车实验的疾驰或者极限速度基本没有超过30千米/小时，这个速度相当于提速前的绿皮火车的行驶速度。这多少可能会让现代人感到诧异，毕竟汽车在高速公路上可以轻易开到100千米/小时。不过，当我们回顾历史时，就不会觉得“马车太慢了”。1801年，理查德·特雷威蒂克制造的英国最早的蒸汽汽车，运行速度为9.6千米/小时；1886年，卡尔·本茨制成的第一辆内燃机驱动的汽车，最高行驶速度也仅为15千米/小时。随着科技的不断进步，交通工具的速度才越来越快。

马车的极限速度受制于马的极限速度，马的奔跑速度约为 40.5 千米/小时，最快可达 60 千米/小时。马拉车的速度和载荷成反比，以中西方轻便型辐式双轮马车为例，在普通载荷 1～3 人的情况下，最快速度只能达到 20～30 千米/小时，只相当于马的奔跑速度的一半左右。

如果从耐力的角度看，马拉车以 20 千米/小时的速度一天连续行进 10 个小时，那么一天的迁徙距离便可以达到 200 千米。与人类靠双脚迁徙相比，乘坐马车是人类文明的一大进步。因此，传统畜力车的发明，特别是以马为动力的辐式双轮车的发明，确实是人类科技发展史上的重大事件，欧亚大陆不同族群的迁徙和文化交流与马车的发明密不可分。

数学家的“数字”墓碑

墓碑是人们用来纪念逝去之人的标志，上面往往记载着墓主一生的经历与功过。大到帝王将相，小到百姓庶民，去世后使用墓碑供后人景仰或祭奠，并不足为奇。有趣的是，很多数学家留下的墓志铭都言简意赅，却又发人深省。

阿基米德的墓碑

阿基米德是古希腊杰出的数学家，也是举世公认的最伟大的数学家之一，其贡献大大超越了他所处的时代，因而在数学史上占有重要地位，他与牛顿、高斯三人同为历史上伟大的数学家。值得一提的是，阿基米德对数学的执着赢得了全世界的尊重。

阿基米德

公元前 212 年，古罗马军队入侵叙拉古（又被称为锡拉库萨，在今意大利西西里岛）。在阿基米德的倾力相助下，叙拉古城得以坚守三年之久才失陷。城破之时，75 岁的阿基米德还在潜心研究画在沙盘上的几何图形。破城而入的罗马士兵闯入了阿基米德的房间，举剑向他刺去。在生命的最后时刻，阿基米德还在大喊：“不要动我的图！”令人遗憾的是，这位粗鄙的罗马士兵并不认识声名显赫的阿基米德，刀剑挥处，伟大的数学家倒在了血泊里。

得知阿基米德被杀，统帅罗马大军的将军马塞拉斯痛惜万分，不仅处决了凶手，而且为阿基米德举行了隆重的葬礼，并建造陵墓，以示敬仰。137 年后的公元前 75 年，时任西西里市政官的著名政治家、哲学家西塞罗游历叙拉古时，慕名前往阿基米德墓，发现陵墓早已湮没于荒草之中。众人开出一条小路，最终发现一座坟墓，被风雨侵蚀的墓碑上只依稀可见“圆柱内切球”这个几何图形。此图形是在圆柱体内放置一个圆球，该球可谓“顶天立地”，四周碰边。为什么阿基米德的墓碑上会刻着这样一个图形呢？

原来，阿基米德一生中发现了许多定理，他本人最得意的就是有关圆柱体和球的体积定理：如果在圆柱内有一个直径与圆柱体等高的内切球，则球的表面积和体积分别等于圆柱体的表面积和体积的三分之二。阿基米德希望在他死后，把一生中最引以为豪的“球内切于圆柱”的图形刻在自己的墓碑上。当年建造阿基米德墓时，罗马将军马塞拉斯之所以这样做，正是为了表达对阿基米德的钦佩和尊敬。

见到此图，西塞罗非常激动，感慨不已，同时命人修复了阿基米德墓。可惜的是，2000 多年的岁月流逝，使得阿基米德墓再次湮没于历史长河中。1965 年，叙拉古一家在建的饭店挖掘地基时，挖出过一块石碑，上面刻着一个内切于圆柱体的圆球图形，不过，人们并不能确定此处就是阿基米德墓。如今，我们只知道阿基米德的墓碑上刻有“圆柱内切球”几何图形，但并没有找

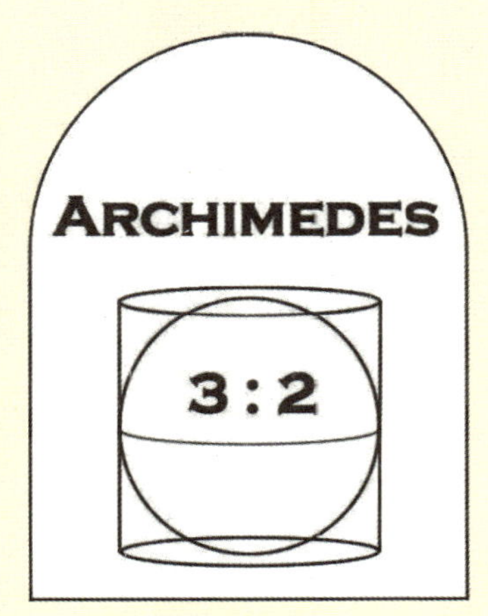

阿基米德墓碑

到实物。当然，这丝毫不影响这一数学定理成果广为人知。

丢番图的墓碑

丢番图是古希腊著名的数学家，以高超的解题技巧著称。他的著作《算术》是一本非常有名的数学问题集，具有高度的创造性。可惜的是，这部著作未能完整地保存下来，现仅存6卷（原书共有13卷）。《算术》一书第一次系统地使用代数符号，提出了各种不定方程的巧妙解法，在数学史上被称为“代数的开山之作”。自毕达哥拉斯学派之后，数学的理论系统一直披着几何的外衣，但丢番图的数学思想完全脱离了几何形式，将代数从中解放出来，自成体系，成为单独的学科。这在古希腊数学史上可谓独树一帜。因此，丢番图被誉为“代数学的鼻祖”。

丢番图

丢番图的著作成为包括费马、欧拉、高斯等在内的许多数学家进行数论研究的起点。比如，著名的费马大定理就是费马在阅读《算术》时在页边写下的批语。谁能想到，这寥寥数语竟然令跨越了几个世纪的无数数学家折腰。

关于丢番图的生平，后人了解较少，他唯一的简历是《希腊诗文选》中麦特罗尔写的有关丢番图的墓碑，上面用诗歌的形式写成一段谜一样的碑文，使我们可以对丢番图的一生有一个大致了解。碑文如下：“过路的人啊！这里埋着丢番图。下面的数字多么令人惊讶，它忠实地记录了丢番图一生的坎坷历程。他生命的 1/6 是幸福的童年；再活了一生的 1/12，他的唇上长出了细细的胡须；其后，丢番图结婚了，可是还不曾有孩子，这样又度过了一生的 1/7。再过 5 年，他有了一个儿子，感到很幸福，可是这个孩子的寿命只有他父亲的一半。儿子死后，这位老人在深深的悲痛中又活了 4 年，才结束其尘世生涯。”

显然，该碑文实际上是一道蕴含深意的数学题，它让人们在祭奠之时不免思索、计算丢番图的年龄，感慨这位数学家是至死也离不开数学的“另类”。对这则散发着代数气息的墓碑题，常规的思路当然是简易方程，不妨设丢番图活了 x 岁，根据碑文可列方程：$1/6x+1/12x+1/7x+5+1/2x+4=x$，解得 $x=84$（岁）。除此之外，我们还可根据题意叙述，“他生命的 1/6 是幸福的童年”“再活了一生的 1/12”和“度过了一生的 1/7”，可知丢番图的年龄应是 6、12 和 7 的公倍数，也就是 12 和 7 的公倍数，可能是 84，168……根据生活常识不难判断出丢番图的年龄只能是 84 岁。由此可知，丢番图的大致生平：享年 84 岁，21 岁结婚，38 岁得子，80 岁时死了儿子，儿子活了 42 岁。

丢番图墓碑

莱布尼茨的墓碑

莱布尼茨是德国最著名也最重要的自然科学家、物理学家、历史学家、哲学家，他和牛顿同为微积分的创建人。这位举世罕见、才华横溢的科学全才，对丰富人类科学知识宝库做出了不可磨灭的贡献，被誉为“17 世纪的亚里士多德”。

莱布尼茨

莱布尼茨生于莱比锡，自幼丧父的他博览群书，涉猎广泛，对语言、古典文学、史学、法律、逻辑学和哲学等诸多学科都有着浓厚的学习兴趣。这使得莱布尼茨思想活跃，不盲从，有主见。年仅 20 岁时，他就写出了题为《论组合的技巧》的论文，创立了关于“普遍特征”的“通用代数”，即数理逻辑的新思想。随后，莱布尼茨还与英国数学家、物理学家牛顿分别独立地创立了微积分学，其严密性与系统性比牛顿更胜一筹。他所创设的微积分符号也优于牛顿创设的符号，因而被数学界和数学教材普遍接受及广泛使用。

更值得一提的是，莱布尼茨是第一位认识到二进制记数法重要性的人，并系统地提出了二进制数的运算法则。尽管欧美数学家都认为，二进制记数法的诞生应归功于莱布尼茨，但事实上，莱布尼茨并不是这种记数法的发明人。在他之前，已经有人提出过这种记数法：17 世纪初，英国代数学家哈里奥特在其未发表的手稿中提到了该方法；1670 年，意大利数学家卡瓦利埃里又重复了这一发现。莱布尼茨重新发现二进制的时间是在 1672 年至 1676 年。1679 年 3 月 15 日，他撰写了题为《二进算术》的论文，对二进制进行了充分的论述，并建立了二进制的表示及运算。

在他看来，一切数都可以由0和1创造出来，这正可以作为《圣经》所说上帝从“无”创造“有”的象征。也就是说，从二进制中，莱布尼茨发现了“上帝创造世界”的证据。正是在他的大力提倡和阐述下，二进制才逐渐被人们普遍关注。从某种意义上说，把二进制与莱布尼茨联系在一起，也无不妥之处。

莱布尼茨墓碑

1701年，莱布尼茨将关于二进制的论文提交给法国科学院，但要求暂不发表。两年后，也就是1703年，他将修改后的论文再次送交法国科学院，并要求公开发表。自此，二进制被公之于众。如今，时代和科技的发展已经用事实证明，二进制对于200多年后计算机的发展产生了深远的影响，莱布尼茨也因极具前瞻性的研究名垂青史。

位于德国汉诺威的莱布尼茨的墓碑上，只用拉丁文简单地写着“莱布尼茨埋骨处”，这似乎也体现了这位智者对“大道至简”的参悟。

牛顿的墓碑

牛顿

牛顿是英国著名的物理学家、数学家，百科全书式的“全才”，在影响人类历史人物风云榜上始终位列前茅。

1661年，牛顿考入著名的剑桥大学。1665年，从大学毕业的牛顿正准备留校继续深造之时，恰逢鼠疫席卷英国，牛顿被迫两次回到故乡避灾，这恰恰是牛顿一生中重要的转折点。在家乡安静的环境里，牛顿专心致志地思考数学、物理学和天文问题。在短短18个月里，牛顿就孕育形成了流数术（微积分）、万有引力定律和光学分析的基本思想。这时的他不过23岁。

1684年，牛顿通过计算完善了1666年发现的万有引力。1687年，他完成了人类科学史上少有的科学巨著《自然哲学的数学原理》，用数学方法建立起完整的经典力学体系，轰动全世界。法国科学家拉普拉斯评价该书为“人类智慧产物中最卓越的杰作”。

牛顿在数学方面被公认的最主要贡献有三点：第一，为了解决运动问题，创立了一种和物理概念直接联系的数学理论——流数术，这实际上就是微积分理论。在写于1665年5月20日的一份手稿中，牛顿就提到了流数术。因此，他始创微积分的时间比另一位创始人——德国数学家莱布尼茨大约早10年，但其理论正式公开发表的时间比莱布尼茨晚，且二人是各自独立地建立了微积分。第二，在二项式研究方面的成果。这项研究始于牛顿离开剑桥大学回故乡避鼠疫前夕，他在前人研究的基础上进一步明确了负指数的含义。牛顿研究得出的二项式级数展开式已成为研究级数论、函数论、数学分析、方程理论必不可少的有力工具。第三，1707年，牛顿的代数讲义经整理后出版，定名为《广义算术》。这本著作总结了符号代数学的成果，推动了初等数学的进一步发展。该书在方程论方面也有一些独到的见解，其中比较著名的是“牛顿幂和公式”。除此之外，牛顿在解析几何中的成就同样令人瞩目，他的“一般曲线直径”理论，在解析几何研究领域得到广泛重视。

牛顿之墓位于伦敦威斯敏斯特教堂的“科学家之角”。墓碑上的拉丁铭文：他用近乎神圣的心智和独具特色的数学原则，探索出行星的运动和形状、彗星的轨迹、海洋的潮汐、光线的不同谱调……人们为人类历史上曾出现如此辉煌的荣耀而欣喜。

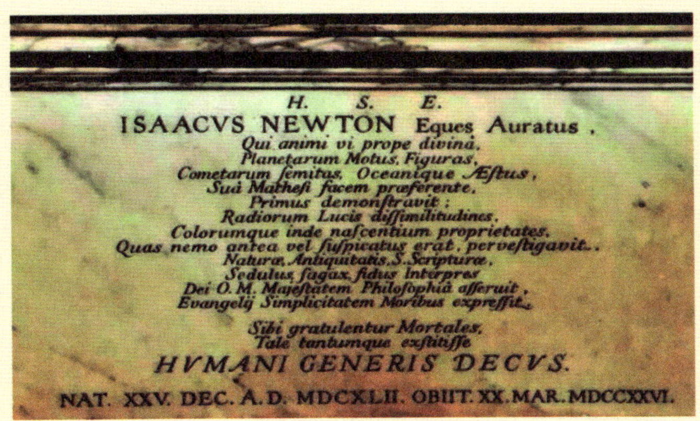

牛顿墓碑

雅格布·伯努利的墓碑

在瑞士有这样一个家族，从 17 世纪中期到 18 世纪后期的 100 多年间，涌现过数位数学家。这就是伯努利家族。雅格布·伯努利是该家族中出现的第一位数学家。

1654 年 12 月 27 日，雅格布在瑞士的巴塞尔出生。尽管雅格布按照父亲的意愿取得了神学硕士学位，但他志不在此，而在数学上。1678 年，结束了在神学院的学习后，雅格布开始学习及旅行生涯，其足迹到过欧洲大陆的法国、德国、荷兰和英国，并与各地的数学家建立了广泛的联系。1686 年，雅格布被聘为巴塞尔大学的数学教授，并终生任此职。

雅各布·伯努利

作为一名专业数学家，雅格布不但在概率和微积分上取得重大成就，而且一生执着于对数螺线（也称等角螺线，是指臂的距离以几何级数递增的螺线，由法国数学家笛卡尔在 1638 年发现）的研究，成果颇丰。

他特别痴迷于对数螺线的美妙性质。经过深入研究，雅格布发现，对数螺线经过各种变换后仍然是对数螺线。比如，其渐屈线、渐伸线仍是对数螺线；自极点到切线的垂足的轨迹也是对数螺线；以极点为发光点经对数螺线反射后得到的反射线，以及与所有这些反射线相切的曲线（回光线）都是对数螺线。

出于对对数螺线这种“万变不离其宗”美妙特性的热爱，雅格布曾通过文字激动地表示：“这条神奇的螺线具有奇特而又精彩的特点……它总是产生一条与自身相似、实际完全一致的螺旋，它可进可退，可被反射，可被折射……它应当用来象征在灾难中坚不可摧的精神，或者象征历尽万变甚至死后，仍然完美如初的人体。”

也正是惊叹和欣赏数学中蕴含的这种难以言喻的美感，雅格布特意在遗嘱中明确提出“将对数螺线的图像刻在本人的墓碑上，并附拉丁语颂词‘Eadem mutata resurgo’”，以示“纵使沧海改变，重生依然故我”的不朽之意。雅格布用墓志铭的形式赞美对数螺线，其实是表明了自己对数学的一往情深。

1705 年 8 月 16 日，雅格布去世。他的家人遵其遗嘱，为雅格布建了墓碑并刻上他最心爱的对数螺线。不过，造化弄人，雕刻对数螺线的

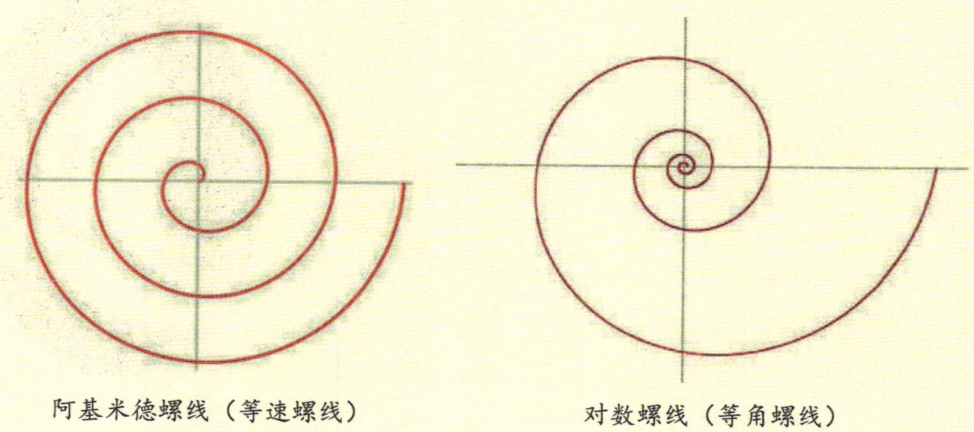

阿基米德螺线（等速螺线）　　对数螺线（等角螺线）

的工匠不知是粗心大意，还是欠缺数学素养，竟然错把阿基米德螺线（也称等速螺线，是指一个点匀速离开一个固定点的同时，又以固定的角速度绕该固定点转动而产生的轨迹）刻在了墓碑上。这实在令人遗憾和惋惜。

雅各布·伯努利墓碑

镜子的发明史

今天我们已经习惯把镜子当作日常生活必需品，每天对着它梳妆打扮，但纵观历史，镜子发明之前，人类以天然的水面为镜，平静的水池、盛水的容器是最早的镜子雏形。中国古代的“镜”，就是大盆的意思，它的名字叫“鉴”。《说文解字》中说：“鉴可取水于明月，因见其可以照行，故用以为镜。”后来发展为用铜鉴取代瓦鉴，装水照容。

中国于 1975 年、1976 年先后出土两面齐家文化的铜镜，其年代约为 4000 年前，世界范围，伊朗、伊拉克和埃及、以色列等地铜镜的出现大致也在这一时期。而已知世界上最古老的石镜——黑曜石镜，比齐家文化还要早约 4000 年。由此可知，镜子应该算人类早期发明之一。

8000 年前：世界上最早的镜子

考古学家发现的最早镜子是用黑曜石做的，可追溯到大约公元前 6200 年。视觉科学

百科博览

公元前 3000 年，古埃及人掌握了青铜（铜锡合金）的生产技术，同时，他们发现把青铜板打磨光滑后，可以照出人形来，这样，就发明了“青铜镜”。考古出土的古埃及第一王朝时期（约公元前 2900 年）的文物中就有带手柄的呈倒梨形的镜子。在古埃及，镜子的手柄往往都经过精心设计，雕刻成野兽、花卉和飞禽等造型。

石镜

家加伊·伊诺克博士2006年发表在《视光学与视觉学》杂志上的一篇评论指出，大约8000年前，安纳托利亚（位于土耳其境内）人用磨光的黑曜石制造出世界上最早的镜子。这种镜子被认为是一种有效的护身符，能迷惑邪恶的幽灵，保护灵魂不从活人体内逃逸，因而也常常与宗教相联。在很多古代文化中，水面上的倒影往往被认为是人的灵魂所在之处。所以当第一面人造镜子诞生于人类视野中时，大家认为它是一种具有魔力的器物便不足为奇了。

4000年前：中国最早的铜镜

中国最早的铜镜是在4000年前的齐家文化遗址中发现的，因为当时的技术还不够成熟，所以铜镜比较粗糙，纹饰简单，表面光泽也不强。铜镜最早在商代是用来祭祀的礼器，到了春秋战国时期，是王公贵族才能享用的奢侈品，直到西汉末期，铜镜才慢慢地走向民间。

我们在上中学时学过一篇课文《邹忌讽齐王纳谏》，文中提道：“邹忌修八尺有余，而形貌昳丽。朝服衣冠，窥镜……”意思是说：邹忌身高八尺多，而且身材容貌光艳美丽。有一天早晨，他穿戴好衣帽，照着镜子……从这篇课文，我们可以推断，那个时候铜镜就已经出现在人们的日常生活中了。不过当时铜器还是稀缺资源，主要流行于贵族之中，一般的百姓是用不起的。

汉代可以称得上是铜镜发展史上的第一个高峰。那个时候社会经济繁荣，手工业发展迅速，铜镜的铸造技术也在不断进步。汉魏时期铜镜逐渐流行，并有全身镜。最初铜镜较薄，圆形带凸缘，背面有纹饰或铭文，背中央有半圆形钮以安放镜子，无柄，形成中国镜独特的风格。最值得一提的是，有汉代黑科技之称的"透光镜"，是西汉中晚期制作的具有特殊效果的魔镜。当光线照射到这种铜镜镜面的时候，铜镜背面的图案铭文会奇迹般地反射到墙上或者地上。遗憾的是,"透光镜"的制作方法已经失传了，给我们留下了一个难解的谜团。

唐代铜镜在造型上有所突破，创造出各种花镜，如葵花镜、菱花镜、方亚形镜等。图案除了传统的瑞兽、画像、铭文等纹饰外，还增加了表现西方题材的海兽葡萄纹、表现现实生活的打马球纹等。宋代铜镜注重实用，器体轻薄，装饰简洁，形状仍以圆形为主，亦有方形、弧

唐代青铜凤纹透腿菱花镜

形、菱形以及带柄等多种形式。题材有花草鸟兽、小桥楼台、神仙八卦等，带有浓厚的生活气息。元代以后，铜镜质量、艺术水平呈下降趋势。但到明清时期，铜镜变得更加贴近平民生活，状元及第、连中三元、五子登科等吉语镜别具特色，特别接地气。明代开始传入玻璃镜，至清代乾隆以后玻璃镜逐渐普及。

16 世纪：第一面玻璃镜诞生

14 世纪初，意大利的玻璃制造十分发达，威尼斯城更是因为生产玻璃驰名世界。1317 年，威尼斯的玻璃制造师在试制彩色玻璃的过程中加入了二氧化锰，发明了透明玻璃。之后，他们将光滑平整的金属和透明玻璃合在一起，制成了玻璃镜的原型。有了透明玻璃，玻璃工匠们便开始摸索用玻璃制造镜子的方法。他们先将金属板磨得既平整又光滑，然后将它和玻璃合在一起，试图制成玻璃镜子。镜子刚做好的时候确实不错，光洁照人。可是没过多久，镜子里面的人像就变得模糊不清了。原来这是由于水分和空气从金属与玻璃之间极细的缝隙中钻了进去，金属板被氧化了。后来，他们又开始将各种金属熔化后倒在玻璃上，以期与玻璃结合而制成镜子，结果都失败了。

1508 年，威尼斯的玻璃工匠达尔卡罗兄弟终于研制成功了实用的玻璃镜子。他们先把锡箔贴在玻璃面上，然后倒上水银，水银溶解锡后形成了一层称为“锡汞齐”的合金，黏附在玻璃表面，成为了真正的玻璃镜子。威尼斯的镜子轰动了欧洲，成为一种非常时髦的东西，欧洲的王公贵族、阔佬显要们都争先恐后地抢购。1600 年，法国王后玛丽·德·美第奇结婚的时候，威尼斯国王送了一面小小的玻璃镜作为贺礼，这在当时算非常珍贵的礼物，价值高达 15 万法郎！

19世纪：镀银法使玻璃镜子开始普及

玻璃镜子发明后，为了垄断技术，威尼斯人严守着制镜的秘密。后来法国驻威尼斯的大使接到命令，一定要解开镜子的秘密，他们用重金收买了威尼斯的制镜工匠，将他们偷渡到法国，这样玻璃镜的奥秘终于被公开了。但是，受到玻璃吹制工艺的限制，当时的工匠们还不能制造大型的玻璃镜。这种情况直到 1687 年才有了改变。那年，一名叫伯纳德·派洛特的法国人发明用浇注法制平板玻璃，制出了高质量的大玻璃镜，镜子及其边框日益成为室内装饰品。18 世纪末制造出穿衣镜并用于家具上。然而，制造一面玻璃镜子毕竟要花整整一个月工夫，加上“锡汞齐”法对人体有害，所以当时玻璃镜子并未普及。

1835 年，德国化学家李比希发明了化学镀银法，使玻璃镜子真正开始普及。这种镜子背面发亮的东西，是一层薄薄的银层，这层银不是涂上去的，也不是靠电镀上去的，而是利用一种特殊而有趣的化学反应——“银镜反应”镀上去的，它是在硝酸银溶液里，加上一些氢氧化铵和氢氧化钠，再加上一点葡萄糖溶液。由于葡萄糖具有“还原”性，能够把硝酸银中的银离子还原成金属银微粒，这些银微粒沉积在玻璃上就制成了银镜。为了增强镜子的耐用性，通常还在镀银以后，再在银层上面涂刷上一层红色的保护漆，这样，银层便不容易脱落和损坏。

20 世纪 70 年代，科学家又发明了铝镜，其制造方法是：在真空中使铝蒸发，让铝蒸气凝结在玻璃面上形成一层薄薄的铝膜。这种镀铝的玻璃镜，比镀银的玻璃镜便宜、耐用，也更为光彩照人，在镜子的历史上写下了崭新的一页。

煤这样走进人类生活

“千锤万凿出深山，烈火焚烧若等闲。粉骨碎身浑不怕，要留清白在人间。”

明代政治家、军事家于谦的这首《石灰吟》，大家耳熟能详；但其实，于谦还写过一首《咏煤炭》：“凿开混沌得乌金，藏蓄阳和意最深。爝火燃回春浩浩，洪炉照破夜沉沉。鼎彝元赖生成力，铁石犹存死后心。但愿苍生俱饱暖，不辞辛苦出山林。”这首咏物诗描写了煤炭的开掘过程及其蕴藏热力的本性，歌颂了它的巨大功用和崇高品格，表达了作者为民族和人民的利益甘愿赴汤蹈火的自我牺牲精神。

煤炭是埋藏在地下的古代植物经过复杂的生物化学和物理化学变化逐渐形成的固体可燃性矿物，被誉为“黑色的金子”“工业的食粮”。在相当长的一段时间里，特别是在18—21世纪，煤炭一直是人类生产、生活必不可缺的能量来源之一。

取代薪柴

人类对煤炭的认识和使用经历了较长时间的实践过程。

火的使用让人类摆脱了茹毛饮血的境况，在人类文明史上具有划时代的意义。有了火，人类能更好地制造和使用工具。比如，烧制原始陶器、烧制石灰、冶炼金属等，这些都是火的贡献。纵观人类历史，在煤炭被发现之前，人类燃烧和使用的皆为薪柴资源。虽然薪柴是可再生资源，但大规模的砍伐势必会耗费大量林木。因为除了作为薪柴，树木也是中国建造传统土木结构房屋的重要材料。唐代大诗人杜牧在《阿房宫赋》中写的“六王毕，四海一；蜀山兀，阿房出”就是对这种现象的反映。当时，大规模工程营建和过量的森林开采造成了四川地区森林资源的锐减。到了宋代，中国人口迅速增长，冶铁、烧制砖瓦和陶瓷等手工业兴盛，燃料需求不断增加，薪柴供不应求。宋代科学家沈括在他所著的《梦溪笔谈》中记载：“今齐鲁松林尽矣，渐至太行、京西、江南，松山大半皆童矣。”

煤炭的发现和大规模开采、使用是人类能源史上的一次革命性事件。从热值看，煤炭的热值是木材的 2.33 倍。不仅如此，煤炭的燃烧温度远远高于木柴（煤炭是 1700℃～1900℃，木柴为 700℃～1000℃）。

由此可知，使用煤炭，有助于人们冶炼熔点更高的金属，制造更加复杂的合金工具。只是，由于煤炭一般深藏地下，不易获得。而且人类认识和开采煤炭的道路也并不是一蹴而就的。

从饰品到燃料

最初，煤炭是作为一种工艺品材料而非燃料被人类所认识的。

1973 年，中国考古工作者在辽宁省沈阳市新乐遗址发现了距今 7000 年的煤精制品，器型主要有球形器、泡形器、圆片形器、圆锥形器、盔形器等。根据煤精制品的材质推断，它们来自抚顺煤田。1956 年，中国考古工作者在陕西沣西的西周墓中发掘出了煤雕圆环，在陕

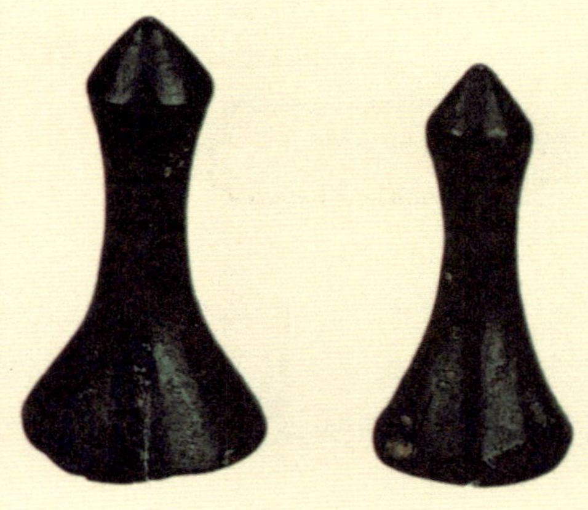

新乐遗址出土的煤精制品

西宝鸡西周大墓中发掘出了用煤雕成的玦。这说明，在这一历史时期，煤仅仅是一种雕刻原料，人们更看重其装饰性而不是燃烧性能。

中国以往煤炭最早用于冶炼和取暖的实证见于考古发掘的冶铁遗址，距今有2000多年。2018年，考古工作者在新疆伊犁地区发掘了距今3600年至3000年的吉仁台沟口遗址，在遗址中发现大量煤灰、煤渣、未燃尽煤块以及煤坑等。这一发现将人类用煤的历史提前到3000年前。此前，西方最早用煤的记录出现在公元前300年古希腊学者所著的《石史》中。

吉仁台沟口遗址出土的煤堆

在被发现并被当作燃料使用后，一直到第一次工业革命之前，煤炭的产量始终都不高。在相当长的一段时期里，煤炭仅仅作为薪柴燃料的补充或者为上层贵族及富人所享用。如在隋代，煤炭还只是在宫廷中使用的重要燃料。到了唐代，煤炭开始在全国范围内得到大规模开采，并在山西等富煤区留下最早的采矿遗迹。

在中国古代，除了被作为燃料外，煤炭还被用来制墨。唐代中书令李峤曾有诗云：“长安分石炭，上党结松心。”到了宋代，煤炭的开采更为普遍。当时，已经出现了运输及贩卖煤炭的商人，煤炭还被大规模用作冶铁、铸钱。《鸡肋编》是两宋之际学者庄绰集半生心血所撰的一部笔记著作，其中有这样的记载："汴都百万家，尽仰石炭，无一家燃薪者。"建炎元年（1127 年），南宋官员、文学家朱弁奋身自荐，出使金国，被羁十六载始得放归。留金期间，他写下了不少回忆故国家乡景物、反映拘囚生活的诗作，其中一首《炕寝三十韵》这样写道："御冬貂裘弊，一炕且跧伏。西山石为薪，黝色惊射目。"诗中明确记载了在中国北方地区（今山西大同一带），人们在严冬时节用煤炭烧炕取暖的情形。

元代时，煤炭的开采有了更大发展。马可·波罗在其游记中记载："契丹全境之中，有一种黑石，采自山中，如同脉络，燃烧与薪无异。其火候且较薪为优，盖若夜间燃火，次晨不息。其质优良，致使全境不燃他物。所产木材固多，然不燃烧。盖石之火力足，而其价亦贱于木也。"这说明，在中国北方，煤炭当时已经超越木柴成为第一燃料。

明代时，煤炭已成为关乎国计民生的重要资源。宋应星在《天工开物》中记载，"煤炭普天皆生，以供锻炼金石之用""凡炉中炽铁用炭，煤炭居十七，木炭居十三"。

《天工开物》一书中关于古代煤窑生产工具和生产过程的示意图

到了清代，中国人口进一步增加，农业、手工业进一步发展，煤炭的需求量逐渐增加。在清乾隆年间，甚至进行了一次全国性的煤炭资源调查。乾隆五年（1740 年）二月，大学士兼礼部尚书赵国麟提呈"广开煤矿"奏折。乾隆皇帝对此十分重视，加以批准："各省产煤之处，无关城池龙脉、古昔陵墓、堤岸通衢者，悉驰其禁，该督抚酌量情形开采。"由皇帝亲自下令，在全国"悉驰其禁”，从而发动了一场遍及全国、上下联动的勘查和煤炭资源开发活动。在中国历史上，这是从来没有过的事情。此举无疑有力地推动了全国煤炭事业的发展。但不可否认的是，直到明清煤炭业繁盛之时，中国煤炭生产还是以原始落后的手工生产方式为主，煤炭生产的各个环节几乎全靠人力，生产规模较小。

英国工程师托马斯·纽科门首次制成可供实用的大气式蒸汽机

助燃变革之火

在进行煤炭开采时，人们所遇到的主要问题就是排水和通风，其次是运输问题。直到 18 世纪初叶，英国工程师托马斯·纽科门发明了用于矿井排水的大气式蒸汽机后，有关问题才得到解决。

有意思的是，人类发明制造工业用蒸汽机，最初的目的只是用来解决煤矿的排水难题；但自发明后，经过不断改进，特别是瓦特蒸汽机的出现，让蒸汽机在纺织、冶炼、蒸汽机船舶和蒸汽机车上大放异彩。其后，随着 18 世纪后期到 19 世纪前期第一次工业革命的完成，以煤炭为主要能源的工业社会才逐渐形成，人类正式开启了使用化石燃料的新时代。

第一次工业革命之前，英国为了发展冶炼业，大量砍伐树木，以获取木柴作为燃料，这使得森林面积大幅度缩小。1709 年，随着英国人亚伯拉罕·达比（又称达比一世）发明了焦炭冶铁法，煤炭成为冶铁时不可或缺的原材料之一。冶铁方式发生变化，煤炭的消耗量大幅增加。

第一次工业革命是技术发展史上的一次巨大变革，更是人类历史上一场深刻的社会变革。其标志就是蒸汽机的广泛应用；而蒸汽机又是通过煤炭燃烧来产生动力的。可以说，第一次工业革命的成功，煤炭起到了无可替代的作用。

中国古代火器威力有多大

我们很多人对古代火炮的认识来自影视作品，比如 1997 年上映的电影《鸦片战争》就让观众看到西方的坚船利炮如何影响战局，如何打开中国大门，甚至影响历史进程。在鸦片战争中，英国军队靠迅猛的、威力巨大的火炮击败了清军，也让清政府意识到了危机。随后，洋务运动兴起，军事工业领域掀起了向西方学习的浪潮，其中最重要的一项便是学习西方的造炮技术。回望历史，发明火药和最早使用火器的国家其实是中国。中国在火器制造和使用的历史中到底是世界领先的创造者，还是不断学习的追赶者呢？

鸦片战争后《南京条约》签订现场

古代中国的热兵器时代

在古代，火药最早是配合冷兵器使用的，人们利用抛石机和弓弩等将浸染了火药的各种杂物弹射出去，从而杀伤敌人。后来，使用火药的方式逐渐演变成将火药和弹丸装填在管状物中进行发射，这种武器被称为管型火器。管型火器第一次登上历史舞台是在南宋时期，它的出现使火攻之法摆脱了对抛石机和弓弩的依赖，令中国古代战争步入热兵器时代。

最早关于管型火器的记载出现在《宋史》中，南宋绍兴二年（1132年）六月，坚守德安（今湖北安陆）的陈规面对以李横为首的匪兵袭扰，以“六十人，持火枪自西门出，焚天桥，以火牛助之”，取得了守城胜利。陈规根据守城经验写就的《守城录》记载，装填了火药的长杆

雁门关古城墙上的古代火炮

竹火枪二十余条，两人共持一条，在天桥近城处使用。因此可知，陈规自制的长杆枪是一种枪管较长、需要两人一起托举的燃烧型喷射火器，可以起到焚毁敌人的天桥等木质防卫设施的作用。陈规在德安守御战中采用的长杆枪被视为中国管型火器的鼻祖，早于后来闻名于世的突火枪，但是至今未发现关于它的具体形制和构造机理的记载。

与长杆枪类似的还有金军创制的飞火枪和宋军创制的突火枪，二者均为单兵作战火器，以喷射火焰和弹丸杀伤敌人。金天兴元年（1232 年），在抗击蒙古军队围攻汴京（今开封）的过程中，金军第一次使用了飞火枪。飞火枪不再是像长杆枪那样的喷射火焰的原始管型火器，它已经成为一种管型射击火器。从燃烧性火器（靠喷出的火焰伤人）到射击性火器（靠射出的弹丸伤人）的转变，是火器功能的一个重要进步。飞火枪的药、弹之间不进行分割，混杂在一起，这是中国古代传统射击火器的重要特点。

据《宋史》记载：开庆元年（1259 年），寿春府制造了突火枪，以巨竹为筒，内安子窠，燃放到焰绝后子窠发出。对于“子窠”是何物，现代学者大多认为其是散弹，不外乎铁砂子、细石块、碎瓷之类，学者冯家昇将其看作子弹的原型。“子窠”是中国古代对射击火器发射物的最早命名，“子窠发出如炮声”成为突火枪发射的主要现象。突火枪

百科博览

子窠（kē）是古代装在突火枪中的火药弹的意思，出自《宋史·兵志十一》。《宋史·兵志十一》记载：“开庆元年，寿春府……又造突火枪，以钜竹为筒，内安子窠，如烧放，焰绝然后子窠发出，如炮声，远闻百五十馀步。”子窠为纸制（外壳为纸制，类似子弹壳），实以火药，伏以引线，借火药燃烧产生的气体推射而出，射击敌人。子窠开创日后子弹之先声，是火器史上的一项重要发明。

的创制最早源于中国，后来经过元朝成吉思汗的西征而风靡世界，它是后来出现的金属管型火器——火铳的先导，英国著名科技史学家李约瑟将其称为“一切炮的祖先”。

与飞火枪相比，突火枪的药、弹已经实现了分层填装，在发射管内装入火药，捣实，然后再装上散弹。由于分层装填，密闭性提高，火药在推送散弹的过程中所产生的膛压要比之前的管型火器强烈，因此往往伴有爆炸声响。由于其威力的增强，突火枪开始摆脱之前各种火器需要依赖冷兵器与热兵器复合作战的状态，逐渐独立地发挥热兵器的作用。突火枪的出现，标志着管型射击火器的发展走向正轨，为金属火铳的出现奠定了基础。虽然突火枪在史书上有记载，但是都极为简略，而且因为其材质的不易保存性（用竹管制成），所以几乎没有出土文物的佐证。

火器材质由竹子走向金属

真正有出土文物佐证的是金属制成的管型火器——火铳。火铳的使用起始于元朝，流行于明初时期，依据突火枪的原理制成。火铳发展呈现两个趋势，一为适合单兵作战的小型火铳，一为口径和形体稍大的中型火铳。在金属管型射击火器出现的阶段，最具有代表性的实物为现存于中国人民革命军事博物馆的元至正十一年（1351 年）铳和存于中国国家博物馆的元至顺三年（1332 年）盏口铳。

元至正十一年火铳由铳管、药室、尾器三部分构成，重 4.75 千克，长 43.5 厘米，铳口内径 3 厘米。其重量与一袋 5 千克装的面粉相当，如果将它立在地上，高度相当于一个暖水瓶。其药室呈椭圆状，有安装药捻的小圆孔，在最初被发现时药室内还有一些残留的黑火药。统的前膛、药室、尾銎部位有“射穿百札，声动九天”“龙飞天山”“至正辛卯”铭文。至正十一年火铳为单兵作战火器，代表了管型火器小型化的发展趋势，以后逐渐被称为“铳”。

元朝火铳

元至顺三年盏口铳长 35.3 厘米，铳口内径 10.5 厘米，重 6.94 千克。铳身较短，铳壁较厚，铳身的尾部两侧各有一个方孔，以利于固定在炮架上进行射击角度的调节。另外，铳身镌有“至顺三年二月十日，绥边讨寇军，第三百号马山”等三行铭文。至顺三年盏口铳为守城火器，代表了管型火器大型化的发展趋势，以后逐渐被称为“炮”。

随着近年考古的新发现，专家们确认了一种年代更早的元朝火铳，即大德二年（1298 年）铳。该铳于 1989 年发掘于内蒙古锡林郭勒盟正蓝旗，是迄今发现的中国最早的有明确纪年的铜火铳，也是世界上迄今所知最早的火炮（大型火铳），具有重要意义。大德二年铳与至顺三年盏口铳形制相似，为盏口铳，长 34.7 厘米，铳口内径 9.2 厘米，重 6.21 千克。元代的盏口铳还处于其发展的初级阶段，铳口微微外张，药室较短，仅稍稍隆起，这与明代盏口铳铳口显著外张，药室增大，且明显隆起，有着质的差别。但是，这些初创的火器在朝代更迭以及蒙古军队西征的过程中都起到了重要作用，火药、火铳制造技术也随之流传到西方，世界大部分地区开始由冷兵器时代转向热兵器时代。

百科博览

盏口铳的口部像古代人喝酒所用的酒盏，所以当时人们就给它起了这样一个名称。它由酒盏形铳口部、铳膛、药室和尾部构成。铳口部较大，可安放较大的石制和铁制球形弹丸。

中国全面进入火器时代

明朝初期是火器技术发展走向成熟的时期，朱元璋建立新政权的战争和朱棣夺宫之变的战争，促进了火器技术的发展。火器的形制开始趋于标准化，由小到大分为手铳、中型火铳、大型火铳三种类型。关于火铳的构造也有了成型的规范：第一，由最初的前后一样粗的直筒型演变为由前到后逐渐增粗的形制，尤其是装药室的外壁特别厚，而且明显隆起，以承受火药初燃时较强的膛压。第二，增加了火门盖，用以遮挡装药室，防止阴雨、刮风等恶劣天气导致火铳无法发挥作用。第三，使用了木马子（与铳管直径相同的木片），用以压实火药，增强火药的威力，并防止火药在燃烧时泄漏。木马子的使用是革命性的，实现了火药和散弹的分离，并增加了气密性，使得火药燃烧后的膛内压力增强。第四，铳体明确地分为尾銎、药室、铳膛三个部分，通身有四五道箍，用来加固铳身。与元朝的火器相比，明朝火器的药室隆起更加明显，铳身更加厚重，威力更大。第五，火铳的形制趋于统一，同类火铳之间的铳长、铳口内径差距缩小，在一个较小的范围内波动，且向着标准化的方向发展。

明朝初期建立了军器局、兵仗局等火铳制造机构，每年大量制造火器。自洪武后期（约 14 世纪末）开始，地方政府和卫所也承担一定的火器制造任务，但受中央节制，不可随意私造。最主要的大型火铳为碗口铳，洪武中后期开始出现，广泛用于守御关隘和随军作战。另有洪武十年（1377 年）大铁铳，用精铁制成，别具一格。从《大明会典》中可以一窥明朝初期的火器制造情况，产量巨大、品种繁多。

相比于元朝，明朝出土的火器实物较多，这与明朝初期全面进入火器时代有关，其使用范围、数量都是前所未有的。火器的构造也更加精细、科学，考虑到了膛压、火药燃烧、弹道推射等一系列科学机理问

明朝火铳

题。元朝火器的制作材质均为青铜，明朝则发展到了铜铁并用，更多的铁制火器成为装备明军的主要兵器。明成祖朱棣创建了神机营，用于拱卫京师和对外征战，这是中国古代出现的第一支专业化火器部队。利用火器技术的优势，明成祖取得了远征交趾和漠北的胜利，壮大了明朝的国威，推进了明朝军事技术的变革。各卫所、沿边沿海也加大了火器的配置比例，在大部分地方都达到了三分之一的比重，军队训练和作战模式进入新时代。

当时，各类火器都刻有规范化的铭文，包含使用单位、编号、类型、重量、制造年月、制造单位、制造匠人等丰富内容，既便于火器的统一管理和发放、使用，又便于在火器出现问题后回溯追责。今人通过阅读各个时期出土的火器铭文，可以大体知道当时火器制造和使用所达到的规模，而且史料也佐证了每当战争爆发，火器制造量会大幅度增加的史实。

此外，明朝还出现了威力较强的洪武大铁炮，山西临汾平阳卫遗址就曾出土这类铁炮。与明初流行的铜炮不同，此炮用精铁铸成，这与山西生产煤、铁有很大关系。透过铭文中的信息，我们可以看到当时作为地方卫所的平阳卫生产铁炮的数量还是比较多的，可见明朝火器制造十分发达。关于此炮的记载不多，较为详细的是胡振祺在《山西文物》上发表的《明代铁炮》，文章写道："洪武十年造将军炮，炮身粗短，双耳柄，三道箍。通长100厘米，口径长20厘米，耳柄长16厘米，尾长10厘米。炮口下两箍间铸有文字三行，文为'大明洪武十年丁巳季月吉日

天津北洋园内的清末铁炮

平阳卫造’。”

火药作为中国古代的四大发明之一，是中华民族对世界的伟大贡献，也是我们引以为豪的一项重要成就。火药发明后，很快便运用于战争中，由中国引领，世界各国陆续从冷兵器时代进入热兵器时代。热兵器时代的重要载体便是火器，火器技术的发展是火药技术功能和影响力的延伸。火药在军事中的作用形式，最开始是依靠其燃烧性给对方造成威胁，从唐朝末期便有这样的记载，但这种杀伤力是有限的、不好操控的，与风向、距离远近等均有一定关系。直到宋、金时期管型火器的出现，火药才真正开始用于战争，火药和弹丸装填在有管状物约束的火器中，靠火药燃烧后产生的推动力将弹丸发射出去，操控较为稳定、杀伤力较强。由宋、金到元、明，管型火器的材质经历了从竹子到金属的变化，实现了质的飞越。中国古代火器的发展在明朝达到了巅峰，火器已成为一种非常成熟的作战武器，在现代武器技术革命发生之前，中国火器一直在世界上居于主导地位。

古人发明了哪些飞行器

新疆西北部哈巴河县的多尕特山谷的洞穴中有很多神奇的岩画，图案疑似飞机、飞碟、火箭等。经过研究人员使用碳 14 检测后发现，这些疑似飞行器的岩画距今已有上万年历史……岩壁中有上万年历史的疑似飞行器图案到底是什么？它们究竟是远古中国的飞行器，还是古人狩猎用的器具，抑或是外星人的 UFO？

这些疑似飞行器的岩画引发了人们的好奇，那么，古代中国人到底有没有发明过飞行器？如果有，他们都发明了哪些飞行器？

“飞天”·舜帝·竹蜻蜓

中国人自古就有飞天的梦想，在佛教绘画中，就有飞舞的菩萨、天女、伎乐等所谓的“飞天”形象。“飞天”最初出现于中国西北地区的石窟壁画上，最具有代表性的当属甘肃敦煌莫高窟壁画。莫高窟壁画描绘的“飞天”人物造型大多体态丰盈，衣袂飘飘，在天上飞翔时动作优美；造型人物或是弹奏乐器，或是散花人间……这些艺术杰作反映了古代中国人希望超越肉身、在天空中自由翱翔的梦想。

“飞天”寄托了古代中国人的梦想，那么在中国历史上是否真的有人可以飞行呢？

相传上古的领袖舜是第一个利用器物飞行的中国人。《史记·五帝本纪》记载，舜的继母和弟弟象嫉恨舜，常在舜的父亲瞽叟面前讲舜的坏话。一来二去，瞽叟便对舜极度厌恶，心生杀念。一次，瞽叟让舜修补谷仓屋顶。舜刚上去没多长时间，瞽叟便悄悄地点燃了谷仓。舜当然不会坐以待毙，于是用两顶大斗笠做翅膀，从谷仓上滑翔而下，得以逃生。这就是中国史料记载中最早使用飞行器的故事。很显然，舜的斗笠相当于我们今天的降落伞。

春秋时期，中国人发明了竹蜻蜓。这个简单而神奇的玩具流传至今，经久不衰。竹蜻蜓外形呈 T 字形，通常用竹子制作。横的一片是螺旋桨，中间开孔后插入一根竹棍。两手搓转竹棍，竹蜻蜓就会旋飞上天。18 世纪，竹蜻蜓传到欧洲，被称为“中国飞陀螺”。英国“航空之父”乔治·凯利曾对竹蜻蜓十分痴迷，他的第一项航空研究就是仿制、改进竹蜻蜓，解析螺旋桨的工作原理。因此，许多人认为，中国的竹蜻蜓就是现代直升机的雏形。

舜，第一个利用器物飞行的中国人

风筝与飞车

风筝，古人称为鸢。早在春秋战国时期，中国便已出现了木制的风筝。据考证，东周人墨翟曾“费时三年，以木造鸢，飞升入天”。粗粗算来，墨翟的木鸢距今已有 2400 年。

到了东汉，蔡伦造纸术在坊间开始推广，纸糊的风筝也在中国北方地区流传开来。经过代代相传，风筝的制作技艺不断推陈出新，材料和工艺愈发精良；风筝式样、性能也大为改观。

据唐代李亢编撰的《独异志》记载，梁武帝曾利用风筝来传达消息，作军事用途。13 世纪时，在蒙古军队和金朝军队的战争中，金人曾放出风筝，并在风筝上附带鼓励被俘兵士叛逃的传单；当风筝飘到蒙古军队的战俘营上空时，他们便把线切断，将传单散播出去。

以上说的都是无人风筝，事实上，中国古代文献中也有若干风筝载人的记录。

譬如，公元 19 年，为攻打匈奴，王莽下令招募异能之士。一日，有人应诏称会飞，王莽很高兴，让该人当场展示。此人便在长安进行了飞行表演。《汉书·王莽传》是这样记载此事的：“取大鸟翮为两翼，头与身皆著毛，通引环纽，飞数百步，堕。”

这是关于中国古人飞行的重要记录，可惜文字太过简略，不仅“飞行家”没名没姓，而且飞行方法——“通引环纽”到底是怎么回事，也语焉不详。不过，后人猜测，此人极有可能利用了风筝滑翔的原理。

另一个中国古人飞行的记录发生于 529 年。据《北史》记载，当时的北齐皇帝高洋生性残暴，草菅人命。在一次宗族冲突中，他屠杀了对方 700 余人，对方只剩一个叫元黄头的人。高洋命人将元黄头押至一高 67 丈的台子上，强迫其乘风筝往下跳，供自己取乐。元黄头随风“飞”到城外，居然安全落地，令人称奇。

中国商代奇肱国人以及明代工匠徐正明等制作了“飞车”。事实上，中国古代文献中记载的“飞车”远不止这两个。葛洪在道教典籍《抱朴子》中曾记载了一种名叫“飞车”的机械。书上写道：“或用枣心木为飞车，以牛革结环剑以引其机，或存念作五蛇六龙三牛交罡而乘之，上昇四十里，名为太清。”仔细分析这段文字，不难发现，这极有可能是带动力的大型竹蜻蜓——一个薄片做旋翼，中间是轴承，下面是用来蓄力的拉弓牛皮绳，皮绳一拉，旋翼就通过扭力上升。

元顺帝时期，一名姓王的漆工也制造过一架“飞车”。据记载，这种“飞车”两旁有翼，内设机轮，转动时可自如升降，上面装置一袋，随风所向，启口吸之，使风力自后而前，鼓翼如挂帆，度山越岭，轻若飞燕，一时可行400里，愈高飞速愈快。

也有文献记载，明宪宗时期，松江城人在半空中看到一个不明人造物，当时人称其为“飞车”（也有人称其为“飞船”）。该“飞车”自东向西飞行，转而折向东去，最后徐徐盘旋，降落在一座楼上。后来，人们发现这架“飞车”是用茭草编织的，但是驾驶者早已不知去向……

震天雷炮·神火飞鸦·火龙出水

在火箭技术方面，中国古代曾有过辉煌的历史。

中国最初发明的用火药做的火箭，是靠人力用弓发射出去的。后来，人们又发明直接利用火药的力量来推进的火箭。这种火箭的构造和现在大家过年时放的炮仗“起火”机理类似，箭上有一个纸筒，里面装满火药，纸筒的尾部有一根引线。引线被点着以后，火药燃烧起来，变成一股猛烈的气流从尾部喷射出去，利用喷射气流的反作用力，火箭就能飞快地前进。

这种由火药喷射推进的火箭，极有可能在宋代的时候就已经出现了。《宋史·兵志》记载：“时兵部令史冯继升等进火箭法，命试验，且赐衣物、束帛。”还有史料记载，1126 年，金军攻打北宋都城汴京，宋军曾以火箭抗击，给金军造成很大的伤害。

到了明代，火箭威力被发挥到了极致。

明代初期，有人根据火箭和风筝的原理，发明了原始的飞弹——装有翅膀的“震天雷炮”。攻城的时候，只要顺风点着引线，震天雷炮就会一直飞入城内，等引线烧完，火药即会爆炸。

明代还出现过一种被称为“神火飞鸦”的火箭。这是一款用竹篾扎成的“乌鸦”，它的内部装满火药，发射以后，能飞 100 多丈远。“乌鸦”落地时，装在其背上的药线也随之燃烧到头，引起“乌鸦”内部的火药爆炸，一时烈火熊熊。“神火飞鸦”在陆地上可以烧毁敌人的军营，在水面上可以烧掉敌人的船只。

这两种东西——震天雷炮和神火飞鸦，可以说都是早期的飞弹了。

神火飞鸦

不仅如此，明代军队还把几十支火箭装在一个大筒里，把各支火箭的药线连到一根总线上，发明了所谓的“一窝蜂”。用的时候，将总线点着，传到各支火箭上，就能使几十支火箭一齐发射出去，威力无穷。

根据明代重要军事著作《武备志》一书的记载，明代时曾发明过一种名为“火龙出水”的原始“两级火箭”：用一根 5 尺长的大竹筒做成一条龙，龙身上前后各扎两支大火箭。两支大火箭实际上相当于第一级火箭，用来

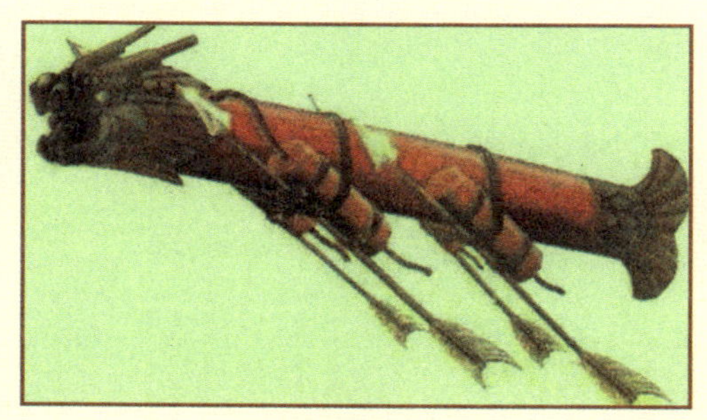

火龙出水

推动龙身飞行。在龙腹里装若干支火箭，这是第二级。使用的时候，先点燃第一级火箭，飞到两三里远后，引线又烧着了装在龙腹里的第二级火箭，这些火箭就从龙口中直飞出去，烧杀敌人。

在明代，曾有官员幻想利用火箭的力量来实现载人飞行。这件事被外国人赫伯特·瑟姆写进了自己的书中。他写道，明代一个叫万户的官吏曾在一把椅子后面装上40多支大火箭，人坐在椅子上，两手拿着两个大风筝。然后叫人用火把这些火箭点着，他希望借由火箭推进的力量，再加上风筝上升的力量，使自己飞向前方。遗憾的是，试验并没有成功，但万户飞天的勇气实在令人钦佩。

万户飞天事件

孔明灯与走马灯

说到孔明灯，很多人会以为是三国时诸葛亮发明的，但至今人们并没有发现诸葛亮发明孔明灯的史料记载。孔明灯多以松脂为燃料。早期常用于夜间军事活动传递信息，故又称“信号灯”。现代人则多用其祈

孔明灯

愿，故也称孔明灯为“许愿灯”。

孔明灯是中国古代的重要飞行器发明之一。据《淮南万毕术》记载：“艾火令鸡子飞。”这句话的意思是，将燃烧的艾火放进鸡蛋壳里，艾燃烧产生的热气可以让鸡蛋壳飞起来。

鸡蛋壳为什么能飞？其实道理很简单，就是“热气球”原理。孔明灯的原理也类似。孔明灯被发明以后，最早并非是民用，而是军用。唐宋时，孔明灯已被成功运用到军事领域，一直到晚清，孔明灯都是指挥作战和传递情报的重要工具。据明代军事著作《纪效新书》记载，明将戚继光曾成功使用不同颜色的孔明灯组合来指挥对倭作战。

随着造纸术的发明，人们后来使用蜡纸制作孔明灯，这种纸阻燃、防雨，还聚气。诗人陆游在《灯笼》中称：“灯笼一样薄蜡纸，莹如云母含清光。”古代孔明灯的制作方法与现代差不多，一般是用竹篾扎成一个球形灯架，上方不留出口，糊上纸勿令漏气。灯下点燃松脂后，灯内即充满热空气，孔明灯便可冉冉升空。

走马灯与孔明灯一样，都利用了热学原理，相传为五代时期莘七娘所发明。二者不同的是，孔明灯是往上升腾，走马灯是在地上旋转。走马灯利用热对流作用，通过下部热空气上升，带动叶轮旋转，这与现代燃气轮机的原理相似，故而也有人认为，走马灯便是现代喷气式发动机的鼻祖。

宋代人非常喜欢走马灯，南宋诗人范成大诗中写的“映光鱼隐见，转影骑纵横”即是一种走马灯。与火药一样，走马灯也是在宋代时传入西亚，随后走向世界的。

现在，走马灯工艺已民间化。逢年过节，一些地方的庙会上经常会挂出若干“走马灯”，供大家赏玩。但又有多少人知道，他们正观赏的居然是航空喷气发动机的雏形呢！

中国古代的水文站

浙江省宁波市有一处古代测量水位的“平”字水则碑，位于宁波市海曙区镇明路西侧平桥街口，古时是平桥河所在地。该碑始建于南宋宝祐年间（1253 ～ 1258 年），明清两代续修，现存大部分石亭建筑为清道光时所建，但保留了南宋的亭基和明代重修的“平”字碑。1999 年，考古发掘重现了水则碑旧貌，经重修后，当地政府恢复了平桥河，并与宁波城市中心的月湖水系相通，还原了历史原貌。

宁波“平”字水则碑

这块水则碑取适中之地测量水势，镌“平”字于石碑上。在当时，宁波城外各个楔闸视“平”字于水中出没情况而启闭：如果水浸没了“平”字，则应当泄水；如果“平”字出于水面，则应当蓄水。因水闸启闭适宜，当地百姓无旱涝之忧。在今天看来，水则碑利用平水的原理，达到体察灾情、民情，统一调度水务的目的，是研究古代水利水文测量，城市排涝、防洪水利工程不可多得的实物例证。

中国最早的水则

什么是水则？水则是怎么来的呢？

水则，又叫水志，是中国古代的水尺，也就是古代观测水位的标记。“水则”中的“则”，意思是“准则”，通常一市尺为一则，又称为一划。刻有水则标尺的碑就是水则碑。水则碑通常被立于渠道的关键地段，它的作用就是观测水位变化，并用来测量水位，以达到预防洪涝灾

害的目的，同时作为灌区农业灌溉配水的依据。

据史料分析，中国古代从大禹时起就开始重视对水文状况的观测和分析。《尚书·禹贡》记载：“禹别九州，随山浚川，任土作贡。禹敷土，随山刊木，奠高山大川。”其意为：禹测量土地，划分疆界，命名山川，带领众人行走于高山，砍削树木作为路标，以高山大河奠定界域。

都江堰用来观测水位的石人

中国最早的水则出现在秦昭襄王时（前 324—前 251 年）。当时，李冰修都江堰，用三个立于水中的石人观测水位，以水淹至石人身体某部位作为衡量水位高低和水量大小的标记。李冰要求“竭不至足，盛不没肩”。意思是水位不能低于石人的足部，也不能高于石人的肩部。如果水位低了，岷江来水量不够用，会出现旱灾；水位也不能高于石人的肩部，否则会出现洪灾，需要从飞沙堰溢洪。只有当水位在石人的足与肩之间，引水量才正好满足农业灌溉与防洪安全的要求。

宋代，都江堰的量水标记由石人演变为刻画水则。根据《宋史·河渠志》的记载，宋代把都江堰的水则刻在离堆的岩壁上，共十则，两则之间相距一尺。水位达到六则就能满足灌溉需要；超过六则，内江水量开始从飞沙堰和人字堰溢洪道排到外江。

元代将都江堰水则刻在斗犀台下的三道岩石壁上，共 11 则。据《元史·河渠志》记载：“牛犀台有水则，尺之为划，压十有一，水及其九则民喜，过则忧，没其则则困。”明代万历年间，都江堰的水则被迁移到宝瓶口，并由 11 则增至 20 则。清代乾隆乙酉年（1765 年），用条石重新刻水则，共 24 则，沿用至今。

水则的形式

北宋时，江河湖泊已普遍设立水则，主要河道上已有记录每日水位的水历。明清时，为了报汛、防洪，江河上下游往往都设有水则。当时的水则有三种形式。

其一为无刻画形式，如前文提到的石人水则和南宋在今宁波设立的“平”字水则都是这种形式。绍兴三江闸是中国古代大型挡潮排水闸，由三江巡检代管,“启闭惟看水则牌”。三江闸水则有两个，一个设在闸址，另一个设在绍兴城里，后者有校核水位的作用。水则分金、木、水、火、土五划：水至金字脚，全闸开启；水至木字脚，开 16 孔；至水字脚开 8 孔；至火字头，全闸关闭。

其二为只有洪枯水位形式的水则。如《水经・伊水注》记载，三国魏黄初四年（223 年），伊阙石壁上的刻画及题词；还有自唐代就有的长江涪陵石鱼刻记枯水位等。民间自刻的这类水则不少，大江大河上往往存有前代遗迹。

其三为等距刻画的水则碑。这种水则碑最为常见。如宋代至明代太湖出口、吴江长桥刻有横道的石碑，此碑还刻有非常洪水位。吴江长桥另一块刻有直道的石碑为记录每旬水位用，它上面也刻记非常洪水位，1964 年，这块水则碑被发现时仍立于长桥垂虹亭旧址北侧岸头踏步右端，在碑面刻有“七至十二月”这六个月份，每月又分三旬的细线，还有“正德五年水至此”“万历卅六年五月水至此”等题刻字迹。

世界第一古代水文站

随着社会和经济的发展，历代日益重视在各河流要处建站监测水文。当时的观测方法较多采用在江岸、河中的岩石上题刻标记，用以记载多年一遇的洪水或枯水水位。始于唐代的白鹤梁就是一个典型的题刻标记观测江河水位的遗址。

白鹤梁位于长江三峡库区上游重庆涪陵城北的长江中，为一道天然的石梁，是世界上已知时间最早、延续时间最长、数量最多的水文题刻。联合国教科文组织称它为“保存完好的世界唯一古代水文站”。

白鹤梁是造山运动时自然形成的，长约 1600 米，宽约 10 ～ 15 米，东西向延伸，与长江平行。其背脊标高约为 138 米，仅比当地常年最低水位高出两三米，石梁几乎常年没于水中，只在每年冬春之交水位较低时才部分露出水面，故古人常根据白鹤梁露出水面的高度位置来确定长江的枯水水位。

白鹤梁梁体分为上、中、下三段，题刻位于中段长约 220 米、宽约 15 米的梁体上，迄今发现题刻约 165 段、文字三万余字，有作为水标的石鱼 18 尾、观音两尊、白鹤一只，其中涉及有水文价值的题刻 108 段，是全世界唯一一处以刻石鱼为“水标”并观测记录水文的古代水文站。

白鹤梁石鱼

中国古代的流量测量

中国很早就有关于流量测量的记载。北魏孝昌三年（527 年）前，郦道元著《水经注》，元代李好文著《长安图志》，清康熙十六年（1677 年）靳辅著《河防术要》中，均有这方面的叙述。

清嘉庆二十四年（1819 年），为永定河防汛需要，清政府曾在卢沟桥进行流量测验。光绪三十年（1904 年）5 月，海河测水机构在天津德国码头开始施测流量。

北宋元丰元年（1078 年），范子渊知都水监丞，在导洛通汴的建议里提及河流间的比较，要“积其广深”，并考虑“湍缓不同”，说明当时的人们已经认识到构成流量的面积与流速两个要素。据《宋史·河渠志》载：“汜水出玉仙山，索水出嵩渚山，合洛水，积其广深，得二千一百三十六尺，视今汴尚赢九百七十四尺。以河、洛湍缓不同，得其盈余，可以相补。”这里以河流断面面积和水流速度来估计河流流量的概念，在中国水利史上是第一次。

白鹤梁题刻始于唐广德元年（763 年）前，终于 1963 年，这些石鱼水标及题刻，记载了中国长江上游从唐代至今 1200 多年来，72 个枯水年份的水文情况，系统反映了长江上游枯水年代水位演化情况，为研究长江水文及全球区域气候变化的历史规律提供了重要的实物佐证。

据有关部门观测，白鹤梁唐代石鱼的腹高，大体相当于涪陵地区的现代水文站历年枯水位的平均值，清康熙二十四年（1685 年）所刻石鱼的鱼眼高度，又大体相当于川江航道部门所设的当地水位的零点，为可满足轮船航行的最小水深的水位线。

另据观测，白鹤梁题刻中有一尾标注最早的枯水题刻的石鱼，它的眼睛正好是长江中上游的零点水位，比 1865 年长江上设立的第一根水尺——武汉江汉关水尺的水位观测记录，要早 1100 多年。当地有“石鱼出水兆丰年”之说。据称如果石鱼在冬天枯水期露出水面，则第二年必是丰收年。葛洲坝和三峡水利工程的建设都曾经以此为依据。白鹤梁也当之无愧地成为“长江古代水文站”和“世界水文资料的宝库”。

除了白鹤梁，题刻长江枯水水位的题记还有很多。这种记载枯水水位的题刻群，仅在长江上游宜昌至重庆段就有 10 余段，题刻 300 多处；记录方式包括文字注记和石鱼题刻，尤以江津莲花石、重庆丰年碑、云阳龙脊石、奉节记水碑等最重要。

洪水题刻

除了枯水题刻，中国古代还有不少洪水题刻。据中国水文考古工作者调查，唐宋以来形成的分布在长江干、支流的洪水题刻有近 1000 处，以明清时期居多。长江上游忠县两处题记，被鉴定为现存最早的洪水题记，其一为：“绍兴二十三年（1153 年）六月十七日，水此。”当时，对于同一次洪水，往往有多处题刻标明其水位，如 1788 年的一次大洪水，仅上游就有 19 处题刻，说明当时对洪水水位的观测已相当普遍。

由于中国河流众多，历代都很重视防汛抗洪和汛情通报工作。因为河流泛滥影响着水运、灌溉和生活用水，关系着人民的生命财产安全。

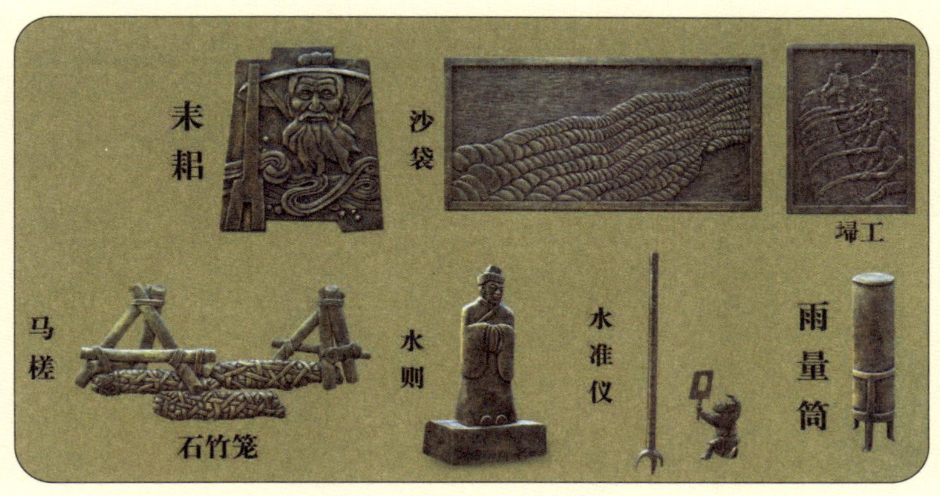

中国古代治水工具

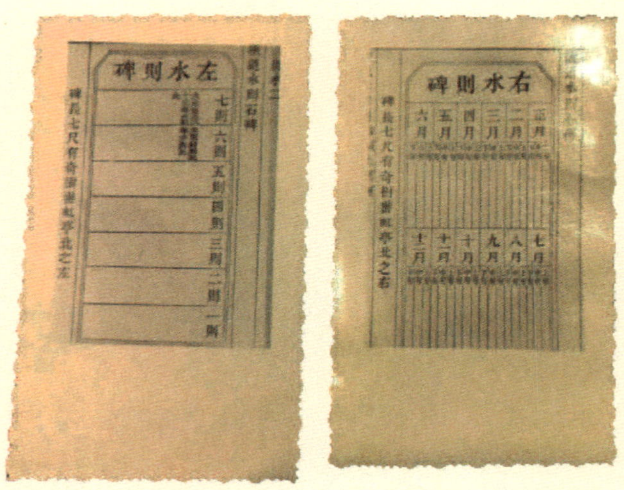

左右水则碑图示

除了前面所介绍的之外，还有一些其他碑文题刻，如《黄河图说》碑、《海潮论》碑和苏州立水则碑等。

宋宣和二年（1120 年），在长江下游太湖流域的吴江县长桥垂虹亭旁立有水则碑。水则碑分为左水则碑和右水则碑两块，左水则碑记录历年最高水位，右水则碑则记录一年之中各旬、各月的最高水位。碑文为：“一则，水在此高低田俱无恙；二则，水在此极低田淹；三则，水在此稍低田淹；四则，水在此下中田淹；五则，水在此上中田淹；六则，水在此稍高田淹；七则，水在此极高田俱淹。”如果某年洪水位特别高，即于本则刻曰：“某年水至此。”该水则上刻写的最早年代为 1194 年。由此可知，水则碑不仅是观测水位所用的标尺，而且是历年最高洪水位的原始记录。从水则碑，我们不难发现，宋代为统计汛期农田被淹面积，已建立了水位观测制度。这也是中国观测水位直接为农业生产服务的早期记载。

明成化年间，戴琥出任绍兴知府，守越十年。为加强绍兴河湖水位管理，戴琥在佑圣观前河中设立水则，又在佑圣观内立水则碑，即《山会水则碑》，并做出规定：“水在中则上，各闸俱开；至中则下五寸，只开玉山斗门、扁拖、龛山闸，至下则上五寸，各闸俱闭。”水则碑对宁绍地区山会平原的河湖水位，对不同季节、不同高程的农田耕作及舟楫交通都能照顾到，而且设于府城之内、府衙之旁，便于观察和执行。水则从成化十二年（1476 年）起，使用了 60 年，一直到三江闸的建成才退役。

清代，为了黄河、淮河、永定河防汛需要，从康熙年间开始，清政府先后在洪泽湖高堰村（1706 年）、黄河青铜峡（1709 年）、淮河正阳关三官庙（1736 年）、永定河卢沟桥（1819 年），分别设立水志桩，观测水位。

清咸丰十年（1860 年），英、法等列强先后侵入上海。外国侵略者为了保证航行安全，除在黄浦江东岸一侧设置引导灯桩外，又于 1860 年在张华浜设立“吴淞信号站”，竖起了水尺和信号杆，悬挂水位标球。这是在长江水系最早设置观测水位（潮位）的近代水尺。清末，帝国主义霸占海关和沿江沿海的航行权，为航运安全，设立了一些海关水尺。此外，原中东铁路局于光绪二十四年（1898 年）在哈尔滨开始观测水位。这些都是用近代方法进行水位观测的早期水位站，其中长江汉口站是全国最早具有连续系统资料的近代水位站。

中国何时开始测验泥沙

中国的泥沙站都是和水文站（流量站）结合在一起的，早期，也有个别水文站的泥沙测验略早于流量测验，如海河天津小孙庄站，在清光绪十八年（1892 年）开始沙量测验，宣统二年（1910 年）开始流量测验。黄河流域含沙量测验始于清光绪二十八年（1902 年），铁道部门在津浦铁路黄河泺口大桥，按重量比测验含沙量，这也早于黄河流域的流量测验。

较早开始含沙量测验的还有珠江西江（1915 年）、淮河（1921 年）和长江（1922 年）。这一时期的含沙量测验都比较简单，用水桶或瓶子取一定数量的浑水水样，经过处理后，用重量比计算含沙量。

食品防腐古今谈

“腐，烂也。”这是《说文解字》上的解释。“腐，朽也，败也。”这是《广韵》上的注释。腐，最早应当是指动物体的朽败。后来，主体扩充，不光指动物体的朽败，还推广到一切生物体乃至抽象物的朽败。本文限于讨论食品的腐败以及防腐的问题。

晒干和腌制为何能防腐

现在我们知道，食品的腐败是细菌、霉菌、酵母菌等微生物作用的结果。从更微观的分子水平上看，那是食品里的蛋白质、脂肪、碳水化合物等分子在各种酶的作用下发生分解或其他反应的结果。

古人并不知道这样的生物学和化学结论，但是，他们从代代相传下来的生活经验中，知晓了腐败的食品是不能食用的，也懂得了许多食品防腐的办法。

腊肉

《论语》中记述孔子的话："自行束脩以上，吾未尝无诲焉。""脩，脯也。""脯，干肉也。"这是《说文解字》的解释。束脩，其实就是一束干肉条，可能有切得薄点厚点、放不放香料调料的差别。

晒干肉、晒干鱼的过程也称腊（xī）。《周易》在《噬嗑》中有"噬腊肉"的爻辞。《庄子·外物》中说："任公子得若鱼，离而腊之。"这说的就是晒干鱼。

腊鱼

腊的本字是昔，就是晒肉类的会意字。《说文解字》的解释就是"昔，干肉也"。昔字上面的部分表示分割好的肉，下面部分是太阳。现在把臘简化为腊，这样腊字就有 là 和 xī 两个音、两种义了，实际上这是两个原本音、义都不相同的字。

肉晒干了，就不容易腐烂，可以放很长的时间，甚至可以作为“硬通货”，送给老师当学费，所以后来束脩就是学费的代称。

除了晒肉干之外，另一个防腐的办法就是“腌”。鲍，就是用盐渍鱼。《史记·货殖列传》有“鲍千钧”，唐人司马贞对此注解说：“鱼渍云鲍。”清代李斗《扬州画舫录·草河录上》有“沿海拾蛏，鲜者鲍之，不能鲍者干之”。现在人们所说的“入鲍鱼之肆，久而不闻其臭”，“鲍鱼之肆”就是旧时所谓“咸鱼行”，专卖咸鱼的店肆。

用盐渍，就是腌。《说文解字》有“腌，渍肉也”。《广韵》有“盐渍鱼也”。北魏贾思勰《齐民要术·作鱼鲊》有“《食经》作蒲鲊法：取鲤鱼二尺以上，削净治之。用米三合、盐二合，腌一宿，厚与糁”。

除了用盐渍外，也可以用糖渍。古人借助蜜蜂的力量，制得高浓度的糖，也就是蜂蜜。用蜂蜜或糖渍的食品，就是所谓的蜜饯。应当说，古人所使用的这些防腐的方法都很实用，也符合现在我们知道的科学原理，许多方法我们现在仍然在使用。

上面说过，腐败是微生物滋生的结果。所以，防腐就是要防止或阻止这些引起腐烂的微生物的滋生。绝大多数微生物生活和繁殖的条件之一是有水。微生物体内的各种生物化学反应都需要在有水的环境下进行。所以使食品干燥，无论是晒干还是风干，都使得微生物生活的环境缺水，它们就难以生存和繁殖。这是防腐的一个重要方法。用高浓度的盐或糖来腌制食品，其本质也是使得微生物缺水。这是怎么做到的呢？

原来，用盐或糖来腌制食品是利用了水的“渗透作用”。我们可以把细胞壁的两边都看成是溶液，水总是从浓度小的一方向另一方渗透。由于盐和糖这一边的浓度太大，就能够把食品中微生物细胞里的水分都渗透出来，微生物或者因缺水而死亡，或者无法分裂繁殖而停止生长。所以用盐或糖腌制食品，同样是使微生物缺水，这样也就起到了防腐的效果。

“以腐防腐”——古人的智慧

那么，是不是因微生物大量滋生而酸败、腐败的食物就都不能食用了呢？显然不是。这也要视大量滋生的微生物的品种而定，有些微生物会分泌一些极毒的化合物，这样的微生物大量滋生的食物就不堪食用。但有些微生物并没有产生有毒的化合物，它们的分泌物对人们没有坏处，甚至有好处，这样的酸败、腐败就能够被人们所利用。

动物的乳汁是人类很早就开始食用的一类食物。乳类容易酸败，形成酸奶。人们把酸奶沉淀、过滤，去掉了水分，进一步晾干或晒干，就成了干酪，也被称为奶豆腐。干酪可以存放许久都不会坏。它的主要成分几乎全是干燥的酪蛋白，是便于携带的极好的营养来源。

干酪

豆腐很可能就是受到奶酪的启发而发明的。豆浆是乳类的类似物，豆腐、豆腐干则是奶酪、干酪的类似物。豆腐干的主要成分是干燥的大豆球蛋白，也是很好的容易保存的营养来源。

当然，湿的奶酪还可以继续发酵，生成极臭的臭酪，据说味道极鲜美。法国和意大利就有这样的臭酪。而豆腐也可以继续发酵，生成腐乳。在这个过程中，通过加入大量的食盐，以阻止其发酵过度，同时延长保存时间。不过，有些腐乳也是极臭但味道鲜美的。与做豆腐乳的过程类似，但更加简单而实用的方法是做酱。把大豆、蚕豆等豆类加入粮食后发酵，酸败、发霉后还是加入大量食盐阻止微生物继续大量繁殖，所做成的酱可以保存很长的时间。

类似这样的过程，我们都可以归之为“以腐防腐”，这是先人给我们留下的“宝贵遗产”。

杀菌加密封——如今的办法

既然腐败是由微生物的大量繁殖所致，那么，防腐的一个办法首先就是杀灭这些微生物，而最简单的杀灭办法就是加热。一般的微生物都是怕热的，温度一高，蛋白质变质凝固，微生物就必死无疑。当然，杀灭不同的微生物所需要的温度并不相同，对于不同的食品，不同的要求，所需要的灭菌温度也不相同。

食品进行高温处理后，不但杀灭了有害的微生物，而且促成腐败作用的多种酶同样被灭活失效。顺便说一句，很多厂家宣传他们的食品中有多少生物活性物质，对人好处，但是一旦这些食品需要烹煮，所谓的生物活性物质就可能化为乌有。更何况生物活性物质也过不了胃酸这一关，除非它们有特别好的保护层。杀菌不一定用高温的办法，辐射也是一个好办法，特别是对于那些不适合用高温处理的食品更是如此。

杀灭了原有食品中的有害微生物，如果不加密封，外面的微生物还是会进入并大量繁殖，所以人们想出来密封的办法。密封之后，不但外面的微生物进不去了，同时也隔绝了氧气。总体来说，食品腐败是各种有机分子的氧化作用，这种氧化作用的关键之一，是需要氧气。虽然有些步骤可以在无氧的情况下进行，但是总的氧化反应还是需要氧气的，因此，先杀灭微生物，然后隔绝空气，也就是隔绝氧气，是防止食品腐败的重要方法。

较早的实行灭菌后密封的食品是传统的罐头食品。无论是肉类、鱼类、水果类，无论是马口铁包装、玻璃瓶包装，还是铝盒包装，都能够使这些食品保存很长的时间。

后来的塑料膜或金属膜真空包装，就是抽出了食品袋中的空气，这样隔绝空气的效果更好。这些软包装更容易携带，占的体积更小，所以发展也是很快的。

但是，不可能所有的食品都灭菌后完全密封，很多食品开封后也不可能一次食用完，对于这样的食品，在大多数情况下就需要使用一些防腐剂。

防腐剂是个好东西

有人一听到防腐剂，心里就有些紧张，会联想到浸泡生物标本的福尔马林。福尔马林，也就是甲醛的水溶液，能够使得蛋白质凝固，确实可以防腐，但它是有毒的，不能用在食品上。我们这里所说的防腐剂，是指食品防腐剂。

有人总以为防腐剂是现代社会的产物。其实，我们的先人早就使用过，比如，人们在做腊肉、咸肉、火腿、香肠一类的肉制品时，往往放入“硝”。硝酸盐或亚硝酸盐是很好的防腐剂，能够抑制多种不良微生物。它们又是很好的发色剂，使得肉色红亮好看，味道也更鲜美。这类防腐剂直到如今还在用。但是，硝酸盐在某些环境下会被还原成亚硝酸盐，而亚硝酸盐可能生成有明确致癌作用的亚硝胺。所以现在硝酸盐和亚硝酸盐的应用都受到严格的限制。

所谓食品防腐剂，是经过国家批准的、使用量有一定限制的、用于抗微生物的食品添加剂。现在用得较多的一类食品防腐剂是若干小分子的有机酸和它们的盐。例如，山梨酸和山梨酸钾、苯甲酸和苯甲酸钠、乙酸、脱氢乙酸、丙酸等。

有人主张用天然物质来抗菌防腐，其实，如今这些防腐剂很多也都是天然存在的。例如山梨酸就是欧洲人从花揪果（一种与海棠果很相似的蔷薇科植物）里分离出来的。山梨酸是一种脂肪酸，化学名称是己二烯酸。我们知道醋酸就是乙酸，有两个碳原子，其中一个是羧酸碳原子，另一个是甲基。己二烯酸，则是六个碳原子，一个是羧酸碳原子，另外五个碳原子形成两个相隔开的双键，所以称为己二烯酸。

酱菜

山梨酸有很好的抑制霉菌的能力，包括人在内的高等动物，能够像代谢其他脂肪酸一样，很容易地把山梨酸代谢为二氧化碳和水（在这个意义上，山梨酸实际上是一种营养成分）。由于山梨酸溶解度差，我们往往使用它的钾盐——山梨酸钾。在酸性条件下，山梨酸钾可解离为山梨酸。

山梨酸和山梨酸钾被广泛用于各种面包糕点、饮料、葡萄酒和其他果酒、果酱、酱菜、奶酪、肉鱼禽类制品中，也用于日用化工制品（化妆品）以及医药、饲料等许多领域的防腐。

另一种常用的防腐剂是苯甲酸和苯甲酸钠。它的价格比山梨酸便宜，抑制酵母菌和细菌的能力很好，而对付霉菌的能力差一些。苯甲酸的抗菌能力不如山梨酸，所以用量就要大一点。有人一听苯甲酸这个苯字就有点反感，那不妨称呼它的另一个名称——安息香酸。苯甲酸容易与体内的甘氨酸结合成为马尿酸，排出体外。

凡是国家规定可以使用的防腐剂都有一个显著的性能，就是这些防腐剂不会在人体内驻留，要么被很快分解（如山梨酸），要么很容易排出体外（如苯甲酸）。这就排除了人们由于长期接触这些防腐剂而可能出现的伤害。

有人还会怀疑，防腐剂没有毒害为什么要规定用量？其实，任何化学物质（包括我们所需要的水、氧气、蛋白质、脂肪、碳水化合物、食盐等）摄入过多都有伤害。如果硬要说毒性，那么大多数防腐剂的“急性毒性”比食盐都要小。之所以要限制用量，是由于它们毕竟不是人体营养所需要的，所以人们尽可能不要摄入过多。再加上这些物质没有不好的味道，如果不加规定，很可能食用过度。所以，国家对于不是食品本身的物质，都要规定允许加入的上限。

国家对于防腐剂用量的管理，不仅规定了每一种防腐剂的最大剂量，而且规定了所有防腐剂的允许总量。

由于每一种防腐剂都有优缺点，所以厂商在使用的时候往往要“联合使用”，例如月饼中就放入了多种防腐剂。根据规定，防腐剂混合使用时，各自用量占其最大使用量的比例之和不应超过 100%。比如，在一种食品中用了三种防腐剂，A 防腐剂用了它最大剂量的 a%，B 防腐剂用了它最大剂量的 b%，C 防腐剂用了它最大剂量的 c%，那么，a%、b%、c% 三个数加起来不能超过 100%。

有人会说，食品中不放防腐剂不行吗？恐怕不行，很多食品不是现做现吃的。如果月饼不放防腐剂，我们很难保证它不会发霉变质，毕竟我们不可能把月饼晒干，也不能做成像蜜饯一样。食品一旦发霉，黄曲霉素可才是真正的毒家伙，不要说致癌，即使让我们拉肚子也是够麻烦的了。对于被霉菌或细菌污染的食品，在我们的肉眼能够明显看见霉点或者味道变坏之前，就已然是个健康威胁了。防腐剂的使用，对于保持食品卫生，防止食品被有害微生物严重污染，实在是很有必要的。

一支没有火药的枪——珀金斯蒸汽枪

1872年3月至4月，位于英国首都伦敦阿德莱德街的国家实用科学展览馆（又名阿德莱德展览馆）的展厅内人头攒动。据当年4月27日出版的《科学美国人》杂志记载，尽管该展览并非免费，但每日慕名而来的参观者仍有上千人之众。来自世界各地满怀好奇的观众蜂拥而至，都是为了参观一件珍藏了将近50年的藏品。这是世界上第一支不依靠火药推动、利用蒸汽驱动发射的自动步枪。展品的讲解人也是其拥有者，一位名叫安吉尔·珀金斯的英裔美国企业家，他的父亲是珀金斯家族的首位科学家——雅各布·珀金斯（简称珀金斯），也正是这支蒸汽枪的发明人。

雅各布·珀金斯

珀金斯是著名的物理学家和机械工程师，他的许多发明对现代人的生活产生了巨大影响。例如，他在将近70岁时发明的蒸汽压力泵制冷循环系统，开启了人类制冷技术的大门，因而珀金斯也被誉为“冰箱之父”。珀金斯一生注册的发明专利多达40项，其中包括钻孔机、水压计、印刷刻板、供暖制冷、蒸汽锅炉、烹调器具等，为提升生活品质、促进社会发展做出了不可磨灭的贡献。

阿基米德的传奇战具

珀金斯蒸汽枪的历史渊源，要从一个发生在2000多年前的故事讲起。古希腊数学家阿基米德可谓家喻户晓，据说他在公元前212年第二次布匿战争中被敌军杀害。这场战争是罗马共和国对西西里岛的叙拉古城邦发动的一次围城战。相传，有一个罗马士兵闯进阿基米德的住所，看见他正在埋头研究几何问题，当阿基米德呵斥士兵不要弄坏他画在地上的几何图形时，愤怒的士兵用刀杀死了这位人类历史上的伟大先贤。

阿基米德命殒叙拉古之前，曾为了守卫城邦而发明过一些战具，令罗马人一筹莫展，其中三种战具极具传奇色彩。第一种战具是被称作“阿基米德铁爪”的带有吊钩的起重机，可以将敌船从海面上抓起来，再扔回海中。第二种战具名为“阿基米德燃烧镜”，可以通过镜面反射烈日的光束而烧毁敌舰。最后一种战具是“阿基米德蒸汽炮”（简称蒸汽炮），使用时要将一根金属管放在炉子上，管子的一端封闭，另一端开口并装填弹丸（由硫黄、沥青、柏油和石灰等组成的“希腊火”）。当金属管被加热到一定温度时，在弹丸后部注入少量水。高温之下，水会汽化并急速膨胀，从而将前端的弹丸射出炮膛。蒸汽炮的设计结构在15世纪引起了著名画家、科学家、工程师达·芬奇的兴趣，他根据传言将蒸汽炮的模型进行了改造，并记录在笔记中。本文的主角——珀金斯蒸汽枪的发明，正是受到了达·芬奇笔记的启示。

拜占庭和阿拉伯战争时期的“希腊火”手榴弹

意大利建筑师 Giulio Parigi 画作中的阿基米德铁爪和燃烧镜

然而，传奇终归只是传奇。现代人在好奇心的驱使下根据达·芬奇的手稿复原了蒸汽炮实验，结果却令人失望。即便使用现代材料并将加热温度提升至1000℃以上，炮弹也仅能勉强被蒸汽射出不到1米的距离。这样的武器如果用于实战，不仅无法打击敌人，炮筒射出的“希腊火”反而会把自己的阵地烧成一片焦土。现代人的实验证明，蒸汽炮模型无法用于实践，但具有理论价值。随着物理、化学等学科的发展和社会的进步，在近现代具备实现条件时，该模型的理论价值便派上了用场。

珀金斯让传奇变为现实

19世纪20年代，珀金斯研制出第一台实验性高压蒸汽机，其工作压力高达2000PSI（磅每平方英寸），约合14兆帕。当时，这样的技术过于超前，无法在现实场景中应用。随后，珀金斯成功研制出闪蒸锅炉，这一发明解决了达·芬奇蒸汽枪模型的核心问题。

珀金斯蒸汽枪问世后，震撼了社会各界，尤其是英国政府和军方的高层。著名军事统帅威灵顿公爵成为最早一批对蒸汽枪产生兴趣的专家之一。威灵顿非常了解战争，曾指挥英军在西班牙对抗并击败了由拿破仑领导的军队。1824年，珀金斯向威灵顿展示了他的蒸汽枪。在演示中，这支枪以1500PSI（约10.34兆帕）的压力每分钟射击出1000发子弹，穿透了32米开外的木板（厚2.54厘米）和钢板（厚0.6厘米）。在19世纪20年代，人们对高于5PSI

威灵顿公爵

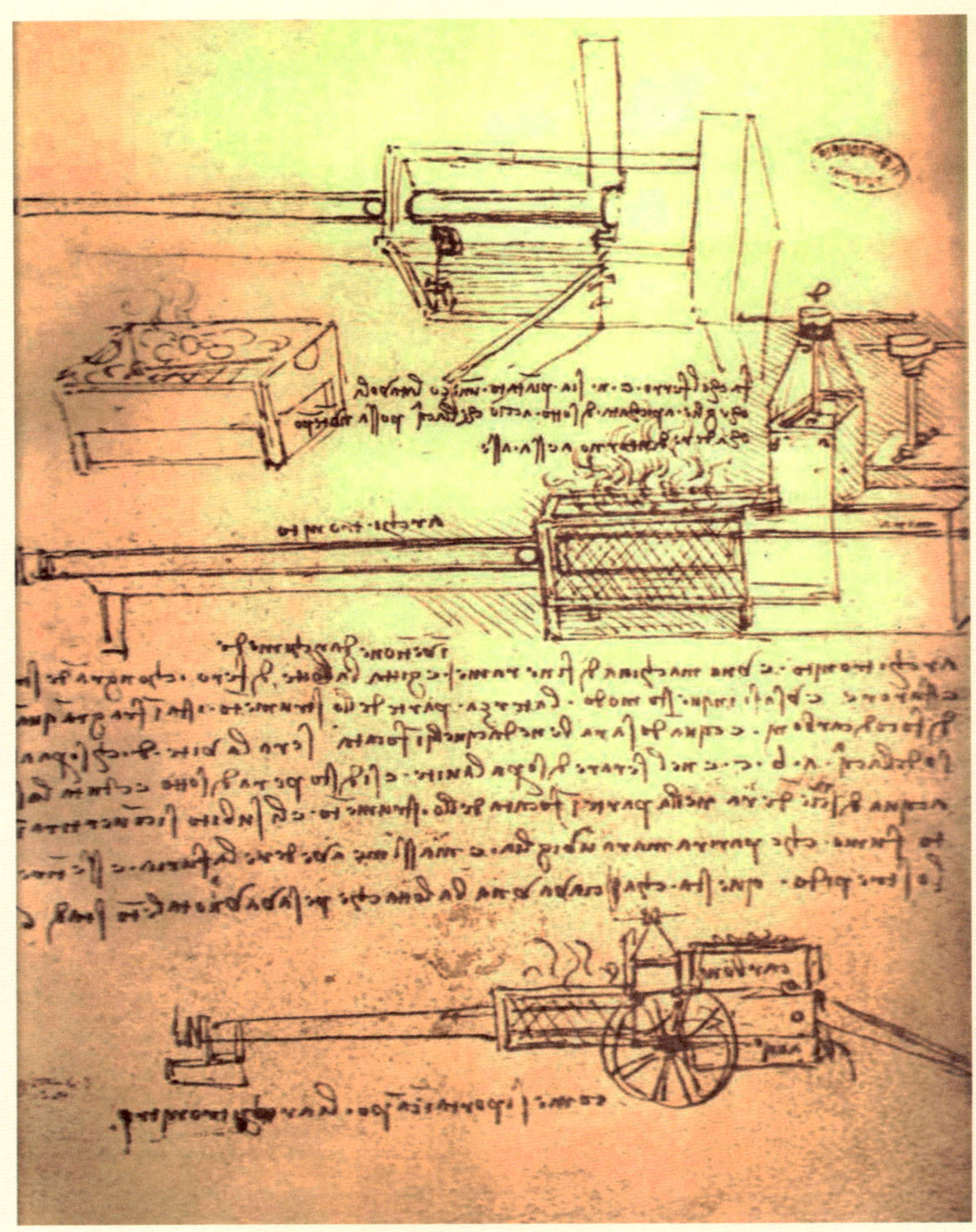

达·芬奇绘制的蒸汽炮手稿图

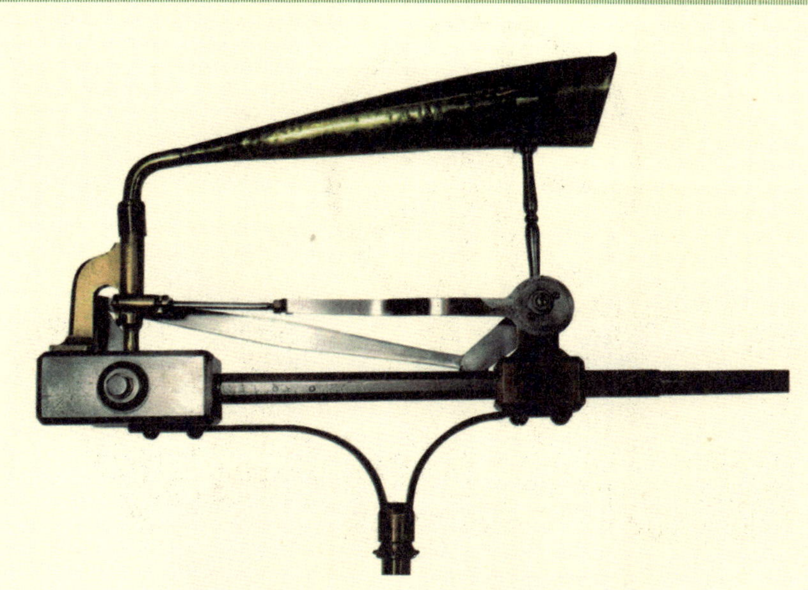

英国皇家兵械库博物馆馆藏珀金斯蒸汽枪

1824 年，珀金斯蒸汽枪正式亮相，它是一种拥有多弹匣的自动步枪，枪体由一个安装在转轴上的枪管组成，通过多条软管从高压蒸汽机中获得蒸汽。枪的顶部有一个漏斗，通过它放入火枪弹丸。打开阀门时，连续的高压蒸汽穿过枪管，这些弹丸会与蒸汽一起从枪管中喷出。枪身总长 1.23 米，高 0.15 米，厚 0.09 米，枪管长 1.33 米，口径为 7.62 毫米，能以 1000 发 / 分钟的速度射击，这在当时是一种极其不可思议的射速。

（约 0.034 兆帕）的压强会感到危险，有传言说正是因为蒸汽枪的表现过于优秀，所以威灵顿对这支枪巨大的破坏力感到不安，从而打消了进一步了解的兴趣，并建议政府不要将蒸汽枪投入应用。

不过，现在有许多人认为，这种传言不太可信。现代人根据珀金斯的设计重新制造了蒸汽枪。研究者通过实验发现，威灵顿放弃它的真正原因可能是故障率高、操作难度大、精度低、维护技术复杂以及维修成

珀金斯制冰机模型

本高昂，这些缺陷使得它在战争中不具备实用性。因此，除了威灵顿公爵，珀金斯还向一些法国人和希腊人展示过他的蒸汽枪，而这些人也同样拒绝了他的设计。这个超越时代的精巧发明最终未能进入现实中的战场，而是作为凝结了多位杰出科学家智慧的一件科技器物，被置于博物馆中供后人观赏、研究。

许多人可能会看不起那些没有实际应用过的发明，认为它们都是“无用之物”，这种想法其实是一种偏见。虽然阿基米德蒸汽炮被一些现代人调侃为“假货”而遭到鄙视，它却在事实上促成了珀金斯蒸汽枪的诞生，这是理论模型到真实器物的升华。虽然珀金斯蒸汽枪没有投入军事实践，却催化了 10 年后蒸汽压力泵制冷循环系统的诞生，这是一件无用器物所凝结的科学内涵的跃迁。科学和技术，思想与器物，从来不曾孤立，而是在不同的时空中以不同的步调和呈现方式不断演化，最终归于统一。

《千里江山图》的矿物密码

在中央电视台播出的大型文博类原创节目——《国家宝藏》中，故宫博物院所推出的《千里江山图》一经亮相便惊艳四方。这幅号称中国十大传世名画之一的《千里江山图》中究竟有什么玄妙之处？为何一幅千年古画至今依然色彩鲜艳、流光溢彩？下面就让我们来探寻其中的奥妙吧。

青绿山水与矿物颜料

《千里江山图》是中国青绿山水画的杰出代表作之一。这种绘画创作始于魏晋南北朝而在隋唐更为流行。唐代杰出画家李思训的青绿山水画最具代表性，他常用浓重的矿物颜料，以石青和石绿为主，来表现山石以及树木的苍翠和浓郁。有时候，李思训也会在青绿山石的轮廓上再勾以金石，而成为金碧山水画。

《千里江山图》在用色上就是以大青绿为全图的基调，山石以大青绿为设色。其具体制作步骤是，先以赭石铺底，再上石青、石绿这些覆盖性很强的矿物颜料；经过层层叠加之后，画面呈现十分凝重的质感；然后，在山脚、屋墙以及水天交接处用赭石色渲染，使得画面层次分明，“咫尺有千里之趣”。

这里所说的赭石、石青、石绿究竟是什么东西呢？

众所周知，国画并不都是单色的水墨山水，中国古代绘画常被称作“丹青”，所谓的“丹”“青”二字原本是指红色和青色，其中的“丹”即是辰砂，古人又称之为朱砂、丹砂，也就是矿物硫化汞。李时珍所撰《本草纲目·金石部第九卷·朱砂》中记载：“朱砂，丹乃石名……后人以丹为朱色之名，故呼朱砂。”并载某几种朱砂“都不堪入药，惟可画色尔”。可见，朱砂除了能制药之外还可制成颜料。

事实上，中国画所用的颜料有很多种，如动物颜料（蛤粉、红珊瑚色粉）、植物颜料（藤黄、胭脂、华青、墨黑）、矿物颜料（朱砂、赭石、青金石、石青、石绿、土黄、雄黄和雌黄等）、人工颜料（铅白、铅黄、铅丹、银朱、铜绿）、金属颜料（金粉、银粉、铜粉、铝粉等）。其中，矿物颜料是由天然矿物经过粉碎、研磨、漂洗以及提纯等一系列步骤后制成的，其化学性质比较稳定，色彩能够长久保持不变，且色相纯美，具有很高的亮度、耐光性、耐温性以及耐湿性，所以经常被用于绘画创作，在现代社会中也被广泛应用于文物修复。

李思训及其金碧山水画

金碧山水画，中国山水画之一种，以泥金、石青和石绿三种颜料作为主色，比“青绿山水”多泥金一色。泥金一般用于钩染山廓、石纹、坡脚、彩霞以及宫室楼阁等建筑物。“金碧山水”派起于隋代展子虔，又在李思训、李昭道父子处得以发扬光大，达到了顶峰。

李思训，唐代杰出画家，金碧山水画代表人物，字健，成纪（今甘肃秦安）人，唐宗室后裔，与其子李昭道并称“大小李将军”。李思训擅画山水、楼阁、花木以及鸟兽，其山水画继承了展子虔的画风，并加以自己的理解发扬光大，形成独特的风格。

因身为皇室子弟，李思训的作品反映了贵族阶层的审美趣味（盛唐时期国富民强，人们对于艺术的追求有一种千金散尽还复来的大国风尚，崇尚金碧辉煌的美感）和一种超脱的情趣。

李思训画风精细、严谨，以金碧青绿的浓重颜色作山水，细致之处堪比毫发。在用笔方面，绘制山丘时，能用笔触展现出丘壑的起伏曲折，法度谨严，意境高超，色彩繁富，显现出从小青绿到大青绿山水画的发展与成熟的过程。

李思训的金碧山水画对后来中国山水画的发展产生了巨大而深远的影响。后世山水画中的青绿山水便是对他这一派画风的延续。明代董其昌等人提出绘画上的南北宗论，将李思训列为“北宗”之祖。

中国唐代著名画家和绘画理论家张彦远在《历代名画记》中讨论绘画材质时对颜料进行过详细说明:“齐纨吴练,冰素雾绡,精润密致,机杼之妙也。武陵水井之丹、磨嵯之沙、越巂之空青、蔚之曾青、武昌之扁青(上品石绿)、蜀郡之铅华(黄丹也,出《本草》)、始兴之解锡(胡粉),斫炼澄汰,深浅轻重,精粗林邑。昆仑之黄(雌黄也,忌胡粉同用)、南海之蚁铆(紫铆也,造粉、燕脂、吴绿,谓之赤胶也)、云中之鹿胶、吴中之鳔胶、东阿之牛胶(采章之用也)、漆姑汁炼煎,并为重采,郁而用之(古画皆用漆姑汁。若炼煎,谓之郁色。于绿色上重用之)。古画不用头绿、大青(画家呼粗绿为头绿、粗青为大青),取其精华,接而用之。”由此可见,当时在纨(细绢)、练(白绢)、素(生帛)和绡(生丝)等织物之上绘制青绿山水画,使用赤色、青色、黄色以及紫色等矿物颜料已经十分普遍。在《千里江山图》中,所用到的矿物颜料就至少有赭石、石青以及石绿三种。

红色的赤铁矿颜料

黄色的赤铁矿颜料

蓝铜矿制成的石青颜料

红色颜料赭石

赭石,也被称为代赭石,属于赤铁

矿，其中的“赭”就是赤色的意思。中国古典文献中记载，赭石是一种常用的药用矿物，多用于治疗呕吐、眩晕、耳鸣、止血。如今，赭石入药，可制成用于醒脑安神的脑立清丸，晕可平糖浆中也含有赭石。

赤铁矿的成分为氧化铁，化学式为 Fe_2SO_3，呈暗红色，含铁 70%、氧 30%，现在主要用于炼铁。早在公元前 10 世纪至公元前 1 世纪，伊特鲁里亚人已经在厄尔巴岛（位于意大利）上开采赤铁矿，并进行炼铁。实际上，在更早期的时候，人们并不是用赤铁矿石炼铁，由于赤铁矿的粉末为樱红色——也有人形容它像新鲜的猪肝色，所以将其作为颜料来使用，或者加工成简单的饰品。

北京周口店龙骨山的山顶洞人生活在距今 3.7 万～ 2.5 万年前。1933 年，考古学家在其遗骸周围发现了红色的赤铁矿粉末染色饰品。可以说，赤铁矿是人类最早使用的矿物颜料。后来，先人可能认为赤铁矿与其他红色颜料比起来色泽较暗，到春秋时期，用它染色的布料基本上只用于制作犯人的粗麻囚衣，即所谓的“赭衣”。

在《千里江山图》中，赭石主要用以铺底，远山多以赭色为主，水天交界处也多以赭色渲染，或者用以渲染前后两块石头的后面一石，来彰显空间变化，使画面浑然一体。在欧洲文艺复兴时期，许多画家所用的油画颜料中，赤铁矿也是一种重要的红色颜料。赤铁矿还被用作涂料。在如今的瑞典，人们喜欢将田园中的小木屋粉刷成深红色，这种特殊的红色原料最初就来自一处铜矿，与铜矿石共生的赤铁矿被废弃，于是在矿山的尾渣中含有许多细腻的赤铁矿粉末，人们便用它作为深红色的涂料。

绿色颜料石绿

石绿，其实就是孔雀石。大家应该知道，孔雀石原本是一种贵重的玉石，只因其“色理似孔雀毛羽”而得名，早在公元前 3000 多年，古埃及时期的人们就已经开始在西奈半岛和埃及东部沙漠中开采孔雀石，孔雀石由此成为名贵的装饰品。不过，孔雀石有一个缺点，它的韧性较差，非常脆弱、易碎，作为观赏石或玉石饰品比较难以保存。考古学家在公元前 15 世纪的埃及壁画中发现了孔雀石颜料。

明代李时珍在《本草纲目》中将石绿作为一种药物进行描述，指出它具有祛痰、镇惊的功效，可用于治疗湿疹、疳疮和狐臭等，属于不太常用的药物。书中引用宋代药物学家苏颂的话对石绿描写道："其色青白，画工用为绿色者，极有大块，其中青白花纹可爱。信州人琢为腰带器物，及妇人服饰。"接着又描述道："石绿，阴石也。生铜坑中，乃铜之祖气也。铜得紫阳之气而生绿，绿久则成石。谓之石绿，而铜生于中，与空青、曾青同一根源也。今人呼为大绿。"其中的"祖气""紫阳之气"，我们已不知其所指，但"生铜坑中"的观点是正确的，因为石绿确实与铜矿关系密切。

孔雀石是铜的碳酸盐矿物，化学式为 $Cu_2[CO_3](OH)_2$，单晶体为柱状、针状，矿物集合体为钟乳状、葡萄状，莫氏硬度为 3.5 ～ 4.0，常见于含铜硫化物矿床氧化带。因为含铜硫化物很不稳定，在风化过程会

孔雀石

蓝色的蓝铜矿与绿色的孔雀石共生

被氧化、分解，最初形成易溶于水的硫酸铜，然后与方解石或石灰岩发生交代作用，从而形成了孔雀石这种次生产物。孔雀石可以作为寻找原生铜矿的标志，也常与自然铜、赤铜矿和辉铜矿等紧密共生。作为绿色颜料的孔雀石应用范围很广，但是原料来源有限。直到 19 世纪初，人工合成的替代品出现，孔雀石的使用才逐渐减少。

蓝色颜料石青

石青，则是蓝铜矿，它分为“空青”（钟乳状的蓝铜矿）和“曾青”（晶簇状的蓝铜矿）等。

蓝铜矿也是一种含铜的矿物，化学式为 $Cu_3[CO_3]_2(OH)_2$，产于铜矿床的氧化带上，经常与孔雀石共生，蓝色与绿色交相辉映，颜色会更加鲜艳。由于风化作用的影响，蓝铜矿很容易减少其中的 CO_2，并且增加水分，从而转变成孔雀石。

作为矿物颜料，尽管蓝铜矿的成分是一样的，但色泽深浅不一。一般的规律是：粉末颗粒越粗，颜色越深；反之，则颜色越浅。在古代手工研磨颜料的时代，要制造出颜色均匀的石青，的确是相当考验技术的。秦始皇陵兵马俑原来是彩色的，它们是烧制之后进行彩绘的；但在出土时，彩色大部分已经脱落，只有个别陶俑还残存着彩色，其中以粉绿、朱红、粉紫和天蓝这四种颜色使用的最多。考古学家化验后发现，这些颜色均为矿物质所致，其中的红色为赭石，绿色为孔雀石，蓝色即为蓝铜矿。在显微镜下观察，仍能看到颜色鲜艳、细腻均匀的矿物颗粒。中国近代地质学家章鸿钊在《古矿录》一书中记载，陕西在古时就是孔雀石和蓝铜矿的产地，秦始皇陵兵马俑使用这两种矿物颜料具有明显的地理优势。

在《千里江山图》中，石青和石绿主要用以渲染树叶以及山峦顶部，凸显青山叠翠之感，其色鲜艳厚重，适当夸张，艳而不俗。

由于《千里江山图》由蚕丝制成，每次开卷都会受伤，打开画卷不仅会有丝被折断，而且作画用的矿物颜料容易脱落，历经近千年而保存至今实在难得。我们了解了它背后的矿物密码，对于以后它的保存和修复也有重要意义。

蓝铜矿

火炸药与战争

火炸药包括火药和炸药，是一类高能量密度材料，也是陆、海、空军武器的能源。火炸药让人类从冷兵器时代走向热兵器时代，并参与了热兵器时代几乎每一场战争。可以说，火炸药的历史是一部传奇的战争史。

“战神”黑火药

黑火药是火炸药的鼻祖，也是中国古代四大发明之一，它于 9 世纪末问世，并很快被用于战争。唐天佑元年（904 年），割据江淮的军阀杨行密围攻豫章（今江西南昌），其部将郑璠“以所部发机飞火，烧龙沙门”。经考证，所谓“发机飞火”就是将黑火药制成球状，点燃引线后向敌军抛射，作用类似于火炮，这也是火炸药用于战争的最早记载。

黑火药由硫磺、硝石和木炭组成，点燃时发生如下反应：

$$2KNO_3+S+3C=K_2S+N_2\uparrow+3CO_2\uparrow$$

其中，硝石的主要成分是硝酸钾，硝酸钾作为氧化剂，在遇热时会分解并生成氮气和氧气；硫磺和木炭作为可燃剂，在氧气的助燃下，先后发生剧烈的燃烧反应，此过程中木炭被氧化，产生大量的热和二氧化碳气体。由于反应十分迅猛，体积的急剧膨胀引起了爆炸，而爆炸时产生的硫化钾微粒分散在气体中，制造出滚滚浓烟，黑火药也因此得名。

宋元时期，中国的火器通过战争传入蒙古。1252 年，蒙古大汗蒙哥派其三弟旭烈兀率十万军队，发起了大规模的西征。蒙哥为旭烈兀征调了一支 1000 人左右的汉军攻城部队，这支部队由著名的火器专家郭侃率领，拥有威力巨大的早期火炮。凭借着这股“高科技”力量，蒙古大军所向披靡。

1253 年，旭烈兀进兵位于今伊朗北部的木剌夷国。攻城战中，郭侃奉命架炮轰击，配合主力部队先后摧毁 100 余座城池，为蒙军立下汗马功劳。1256 年，穷途末路的木剌夷国王鲁克纳丁・忽尔沙投降，木剌夷国灭亡。

1258 年初，蒙古大军开始进攻巴格达——黑衣大食阿拔斯王朝的首都。蒙军攻城前，旭烈兀曾致书阿巴斯王朝的统治者哈里发，要他投降，但这座见证了伊斯兰文明黄金时代的历史名城，当时拥有 120 万人口，12 英尺厚的城墙以及屹立了五个世纪的荣耀。阿巴斯・哈里发・穆斯塔辛并不屑于蒙古的轻骑兵，在固若金汤的城池面前，敌人能怎么办？他果断回绝了蒙古人的要求。

1258 年 1 月 30 日，旭烈兀下令总攻，汉军攻城部队进入阵地，猛烈的炮击使巴格达城门洞开，地道里填充的大威力火药则埋葬了巴格达引以为傲的城墙。短短十几天后，巴格达被攻陷，哈里发投降被杀，名噪一时的阿拔斯王朝宣告覆灭。

旭烈兀继续率军西进，西方世界陷入了巨大的恐慌，因为他们即将面对的不仅仅是来去如风的蒙古铁骑，还有雷霆万钧的黑色战神——黑火药。也正是这次西征，黑火药传入了阿拉伯，阿拉伯工匠对其进行改造后又于 14 世纪中叶传入了欧洲。16 世纪，仰仗着海上的新航路和日益完善的火器，经历过文艺复兴的欧洲发起了对整个世界的入侵，源自古老东方的黑火药就这样一次次改变着世界历史的进程。

黑火药

“甲午之殇”苦味酸

1771 年，爱尔兰化学家彼得·沃尔夫发现，当硝酸和靛蓝按一定比例混合后可以得到一种黄色物质，这就是后来的三硝基苯酚，俗称苦味酸。最初，苦味酸只被当作一种黄色染料，直到 1871 年，德裔英国化学家赫尔曼·斯普伦格尔才证实了苦味酸拥有起爆能力。1885 年，法国化学家尤金·特平根据赫尔曼·斯普伦格尔的研究成果，申请了压铸苦味酸用于爆破药包和炮弹的专利，1887 年，法国率先开始使用由苦味酸和硝化棉混合而成的麦宁（Melinite）炸药。1891 年，日本学者下濑雅允制得类似的苦味酸炸药。经过一番探索，1893 年初，日本成功将苦味酸炸药用作海军炮弹的弹头填充药，这种做法在当时是极为先进的。

在 1894 年的甲午海战中，苦味酸炸药首次登场。彼时，北洋水师使用的炮弹主要有开花弹和实心弹，开花弹装填黑火药，但受限于孱弱的工业能力，炮弹做工粗糙；实心弹则由砂土填充，基本不装药，通过击穿敌舰舰体进行攻击，威力极其有限。相较而言，日本海军使用的苦味酸炸药，不仅威力远超黑火药，其爆炸后还会形成持续的高温火焰，灼烧船体。另外，苦味酸火药爆炸后还会产生具有毒性的黄烟，可对人员造成严重干扰和杀伤。

1894 年 9 月 17 日，黄海大东沟，日本联合舰队与北洋舰队正面交锋。经过 5 个小时的鏖战，北洋水师遭受重创，共计损失 5 艘军舰。北洋水师全体官兵虽英勇奋战，炮击的命中率也并不逊于对手，最终却未能击沉一艘日舰，令人不得不扼腕浩叹。正如定远舰枪炮大副沈寿堃所言，“大东沟之败，非弹药不足，乃器之不利也。”此战成败与双方炮弹的研制水平有直接关系，苦味酸战胜了黑火药。

“炸药之王”梯恩梯

梯恩梯（TNT）即三硝基甲苯，1863 年由德国化学家约瑟夫·威尔勃兰德发明，它是应用最广泛的“安全”炸药之一，几乎没有枪击感度（感度是指爆炸物在外界能量作用下发生爆炸的难易程度，爆炸物越敏感，其感度越高，反之亦然）。

1902 年，德国开始将梯恩梯用于装填炸弹，梯恩梯由此登上战争舞台，并成为两次世界大战期间综合性能最好的炸药，被称为“炸药之王”。

1916 年 5 月 31 日，日德兰海战爆发，交战双方是德国公海舰队与英国皇家舰队。战前，由于战术理念的差异，德国舰队普遍重视装甲防护，英国则追求速度和火力。作为老牌工业强国，英、德海军均装备了大量穿甲弹，双方的弹体材料几乎相同，但德国在弹头里装填的是加了蜂蜡脱敏的钝化梯恩梯，并配有延时引信，英国为追求火力，选择了感度更高的苦味酸，且未配延时引信。

开战后，双方展开激烈的炮击，德国人的梯恩梯炮弹感度较低，加装延时引信的炮弹能够穿透装甲，在英国军舰的内部起爆，对舰体造成有效破坏。英国炮弹却由于苦味酸较高的感度，经常在受到撞击后过早起爆，无法穿透德舰的装甲，杀伤力大减。总体而言，英制穿甲弹在日德兰海战中的表现令人失望，英军的损失几乎是德军的两倍。战后，英国海军根据实战表现，重点提高了弹药质量，梯恩梯也逐步取代了苦味酸，成为战争的宠儿。

随着时代的发展，梯恩梯也渐渐退出了历史的舞台，黑索今（RDX）、奥克托今（HMX）等综合性能更加强大的火炸药接过了前辈的衣钵，它们穿梭在新时代的战争中，继续谱写着火炸药的传奇。

火柴发明史

170 万年前，人类的祖先已经会使用火，但直到将近 200 年前，火柴才被偶然发明出来。

1680 年：人类历史上首次演示火柴的原理

1669 年，德国汉堡的一位炼金术士偶然制造出了磷这种元素。这个发现引起了爱尔兰物理学家罗伯特・波义耳的注意。1680 年，波义耳设计出一种涂有一层磷的粗糙方形小纸片，以及一根头部裹有硫磺的木条，他将木条在纸片上一划，木条就燃烧了。这是人类历史上首次演示化学火柴的工作原理。但是当时磷元素非常罕见，人们并没有意识到这会是一项新的发明。直到大约一个半世纪后，火柴才被英国化学家约翰・沃克发明出来。

1827 年：发明现代火柴

1827 年的一天，英国化学家约翰・沃克正在实验室里研制一种新型炸药，他在用木棍搅拌化学混合物的过程中，注意到木棍的头部凝结了一滴泪珠形的东西。为了不耽误时间，他顺手将木棍在石头地板上蹭了蹭，木棍竟然燃烧了起来，就这样，现代火柴在火焰中诞生了。根据沃克保存的记录，凝结在木棍头部的那团物质是硫化锑、氯酸钾、树胶和淀粉的混合物，并不含磷。沃克亲手制作了一些3英寸长的火柴。当沃克在伦敦向人们演示他制作的火柴时，在场的一位叫塞缪尔·琼斯的商人看到了这项发明潜在的商业价值，立即决定开始生产火柴。火柴问世后，各种烟草制品的销量显著增长。

早期的火柴有毒且不安全

早期的火柴在点燃时会冒出火星，并释放出一股难闻的气味，因此当时的火柴盒上都印有警示语：“请尽量不要吸入气体。肺部敏感者不得使用本产品。”在那个年代，人们认为危害健康的不是香烟，而是火柴。

由于火柴的气味令人难以忍受，1830年，法国化学家查尔斯·萨奥瑞尔以黄磷为基础材料，重新研制出一种可燃混合物。萨奥瑞尔去除了火柴的恶臭气味，并延长了木柴的燃烧寿命，可是这个发明却差点儿导致一种致命疾病——磷毒性颌骨坏死的大爆发。黄磷具有极强的毒性，黄磷火柴的大量生产，致使许多工人的骨头尤其是颌骨出现坏死现象。直到1845年，奥地利化学家施勒特尔研制出使用红磷的无毒火柴后，这种状况才有所改变。

早期的火柴很不安全，只需要轻轻一擦就可以被点燃，因此意外失火频频发生。1855年，瑞典人伦德斯特罗姆经过改进，发明了安全火柴。他将氯酸钾和硫磺等混合物粘在火柴梗上，而将红磷药料涂在火柴盒侧面。使用时，将火柴头在红磷层上轻轻擦划，便能点着火。此方法将强氧化剂和强还原剂分开，大大增强了火柴在生产和使用中的安全性。

火柴的出现使人们的生活变得更方便。安徒生的童话故事《卖火柴的小女孩》发表于1846年，说明那时火柴已经在欧洲普及使用。